分子数据在物种系统发育中的应用

李亚莉　著

中国农业出版社
北　京

图书在版编目（CIP）数据

分子数据在物种系统发育中的应用 / 李亚莉著 .—北京：中国农业出版社，2024.7
ISBN 978-7-109-32001-7

Ⅰ.①分… Ⅱ.①李… Ⅲ.①裂腹鱼属—线粒体—基因组—研究 Ⅳ.①Q959.46

中国国家版本馆 CIP 数据核字（2024）第 103840 号

中国农业出版社出版
地址：北京市朝阳区麦子店街 18 号楼
邮编：100125
策划编辑：贺志清
责任编辑：史佳丽　贺志清
责任校对：张雯婷
印刷：北京印刷集团有限责任公司
版次：2024 年 7 月第 1 版
印次：2024 年 7 月北京第 1 次印刷
发行：新华书店北京发行所
开本：880mm×1230mm　1/32
印张：5.25　　插页：2
字数：150 千字
定价：68.00 元

前　　言

基因是遗传信息的载体，是控制生物性状的基本遗传单位，描述了变化万千的生命形态。人类基因组计划的顺利完成和信息技术的飞速发展，为我们从基因的角度来解读生物的奥秘提供了便利。但是要读懂这部仅由 ATGC 4 个字母组成的生命“天书”，传统的实验观察手段就显得力不从心了，只能借助数学原理和计算机数据处理方法来高效、精确地进行生物序列分析。

线粒体是机体能量代谢的中心，是组织、细胞氧利用的关键场所，机体耗能的90%以上来自于线粒体的氧化磷酸化作用。本书以西藏高原 3 种裂腹鱼及部分鲤科鱼类的线粒体全基因组数据为例，全面介绍了如何构建系统发育树并应用 PAML 程序对 ML 树上所有分支进行适应性进化分析，在此基础上进一步介绍构建 cDNA SMART 文库的方法，以及如何应用生物信息学的方法分析 EST 片段。

本书可供高等院校生物科学、生物技术和生物工程等方面的专业技术人员及有关专业师生阅读使用，也可供相关的科研、技术和管理人员参考使用。

在本书撰写和出版过程中，特别要感谢山西省高等学校固态酿造工程技术研究中心和晋中学院酿造副产物资源高值化利用协同创新中心及时提供技术支持，感谢山西省教育厅科技创新项目（2021YJJG333）和新疆六师五家渠市科技创新项目（2104）的资助，感谢所有文本修订人员的辛勤工作。

著　者

2023年8月

目　　录

1 第一章 绪论

第一节　生物分子数据库

1995 年，流感嗜血杆菌的基因组 DNA 信息被破解，它具有1 738个 ORF，其中包含1 473个具有重要功能的基因。人类终于揭开了这一导致继流感之后第二大传染病细菌的神秘面纱，随后在1996 年，酵母基因组 DNA 全部的 6 500 个基因被测序出来，这是第一个完成测序的真核生物完整基因组。从 20 世纪 80 年代中期开始的线虫基因组测序工作，于 1998 年完成，这是人类获得的第一个多细胞生物的基因组，了解到它含有19 100个基因，并发现其中的 1/3 基因与哺乳动物的相似。2000 年，果蝇的基因组信息被破解，它有13 600个基因。通过基因序列比对，发现 289 个与人类疾病有关的基因中的 60%在果蝇中找到了相近的匹配序列，这意味着果蝇将是一种很好的研究人类疾病的模式生物。2000 年，拟南芥的基因组 DNA 被测序出来，它有 1.16 亿个碱基对，编码大约26 000个基因。2002 年，由中国科学家主持并完成了水稻基因组测序任务，研究结果表明，水稻基因组有约 4.4 亿碱基对，编码32 000个基因。启动于 1990 年的人类基因组计划，到 2003 年其99.9%的人类基因组序列都被精确地绘图。在获得了如此多的核酸信息后，包括蛋白的种类、二级或者三级结构、翻译后加工、蛋白质间的相互作用等蛋白质信息也可以随之获得。

面对如此大量的信息，如果用传统的方法来收集、存储、分析，将会是一个浩大的工程，并且在这旷日持久的工程中，很可能漏掉了许多重要的、未知的信息。随着信息的积累，生物学的发展，以及数学、物理、计算机科学的不断渗入，用计算机作为手段，参考数学、统计学、物理等学科的研究方式，将会大大降低人类的工作量，同时更系统、更全面、更快速、更准确地分析已有的数据。在此背景下，生物信息学应运而生。该学科应用数学的和计算机的科学方法来处理海量的生物学数据并进行计算和分析。主要工作包括生物学信息的采集、储存、分析处理和可视化等方面。

如今生物信息学已成为生命科学最为活跃的研究领域之一。而数据库是生物信息学重要的工作平台，是其基本构成之一。各种各样的生物学数据库不断出现，其数量增长十分迅速，同时数据库的内部结构亦日趋复杂。*Nucleic Acid Research* 每年第一期都公布互联网上最新的生物学数据库资源，2013 年最新公布的数据库有 1 512个，在 http：//www. oxfordjournals. org/nar/database/a/有所有数据库的链接。相比以前，现在数据库的类型更加丰富，专业性更强，几乎覆盖了生命科学的各个领域。

一、核酸数据库

目前国际上有 3 个主要的 DNA 序列公共数据库，它们分别是美国生物技术信息中心的 GenBank（http：//www. ncbi. nlm. nih. gov/Genbank/GenbankOverview. html）、欧洲分子生物学实验室的 EMBL（http：//www. embl. de/）和日本遗传研究所的 DDBJ（http：//www. ddbj. nig. ac. jp/）。这 3 个大型数据库于 1988 年达成协议，组成合作联合体（International Nucleotide Sequence Database Col1aboration），它们之间每天交换信息。因此，各数据库中的数据基本一致，仅在数据格式上有所差别，对于特定的查询，3 个数据库的响应结果一样。下面以美国国家生物技术信息中心（NCBI）的 GenBank 为例进行说明。

1982 年美国国立卫生研究院（NIH）、美国国立医学图书馆（NLM）、NCBI 等机构开始建立核酸序列数据库即 GenBank，它是一个公共数据库，提供所有公开发表的核酸和蛋白质序列及其生物学注释以及书目文献等信息。

GenBank数据库自建立以后，其数据量就表现出高速增长态势。1985年，基因库仅有5 700条记录，其中绝大多数记录来自生物学文献。而到2013年2月为止，其收录的序列数已经超过1.6亿条，包含1 500亿个以上的碱基。另外，Genbank自2002年4月开始收录基因组数据信息以来，到目前为止其基因组序列也已经超过1亿条。相信随着生命科学技术的进步和基因组测序的不断进行，其数据规模还会飞速增长。

Genbank中包含了如此多的数据信息，为了方便检索GenBank数据库又分成若干子库，这样首先可以把数据库查询限定在某一特定部分，以便加快查询速度。其次，基因组计划快速测序得到的大量序列尚未加以注释，将它们单独分类，有利于数据库查询和搜索时“有的放矢”。GenBank将这些数据按高通量基因组序列（HTG）、表达序列标记（EST）、序列标记位点（STS）和基因组测序序列（GSS）单独分类。尽管这些数据尚未加以注释，它们依然是GenBank的重要组成部分。

为了有效使用GenBank数据库，有必要了解其数据记录格式。GenBank的基本数据单位是序列条目，包括核酸碱基排列顺序和注释两部分。序列条目由字段组成，每字段的起始位置有一个标识字，该标识字为一个单词，表明该字段内容的具体含义，后面是相关的具体内容。有些字段还会被分为若干次字段。整个序列条目表述以双斜杠“//”结束。

需要说明的是，DDBJ的数据记录格式与GenBank一样，但EMBL的格式有所不同，其用两个字母来表示标识字，具体可参见http://www.ebi.ac.uk/embl/index.html。

二、蛋白质数据库

对生物学家而言，蛋白质序列数据库已成为至关重要的数据资源，是其科研工作的必备工具之一。目前蛋白质序列数据库有很多，如Swiss-Prot、TrEMBL、NRDB（nr）、GenPept、PIR-PSD、

PIR-NREF、NRL-3D、EXProt 等。众多数据库的存在，使得选用哪个数据库进行检索才能得到最好的结果成为一个问题。UniProt（Universal Protein Resource）蛋白质序列数据库的出现，为研究者提供了一个高度集成的平台，目前已得到了广泛的认可。UniProt 是一个集中收录蛋白质资源并能与其它资源相互联系的数据库，也是目前为止收录蛋白质序列目录最广泛、功能注释最全面的一个数据库。

UniProt 于 2002 年由欧洲生物信息学研究所（European Bioinformatics Institute，EBI）、美国蛋白质信息资源（Prontein Information Resource，PIR）以及瑞士生物信息研究所（Swiss Institute of Bioinformatics，SIB）等机构共同组成，旨在为从事现代生物研究的科研人员提供一个有关蛋白质序列及其相关功能方面广泛的、高质量的并可免费使用的共享数据库。

UniProt 数据库由核心数据库和支持数据库构成，其核心数据库包括 3 个子数据库：一是 UniProt 知识库（UniProt Knowledgebase，UniProtKB），它涵盖大量人工注释的蛋白质信息，包括功能、分类以及数据库的交叉索引等；二是 UniProt 参考资料库（Sequence clusters，UniRef），为加快检索速度，UniRef 将相近的序列整合为单个记录；三是 UniProt 档案（Sequence Archive，UniParc），其中记录了最完整的信息，反映了所有蛋白质序列的历史。支持数据库也由许多子库组成，用户可自行参见 UniProt 主页中相关信息（http：//www. uniprot. org/）。

三、生物大分子结构数据库

除了前面提到的序列数据库和基因组数据库外，生物大分子三维空间结构数据库则是另一类重要的分子生物信息数据库。众所周知，DNA 序列中所携带的遗传信息主要通过蛋白质表现出来。蛋白质分子各种功能的行使，离不开蛋白质空间结构的正确折叠。因此，蛋白质空间结构数据库是生物大分子结构数据库的重要组成部分。蛋白质结构数据库是随 X 射线晶体衍射分子结构测定技术而出现的数据库，其基本内容为实验测定的蛋白质分子空间结构原子坐标。20世纪90年代以来，越来越多的蛋白质分子结构被测定，蛋白质结构分类的研究不断深入，出现了蛋白质家族、折叠模式、结构域、回环等数据库。

除了上面的数据库之外，目前国际上还有很多实用的数据库，如UniProt数据库，主要是提供详细的蛋白质序列、功能信息，如蛋白质功能描述、结构域结构、转录后修饰、修饰位点、变异度、二级结构、三级结构等，同时提供其他数据库，包括序列数据库、三维结构数据库、2-D凝聚电泳数据库、蛋白质家族数据库的相应链接；PIR数据库，主要提供及时的、高质量的、最广泛的注释，其下的数据库有iProClass、PIRSF、PIR-PSD、PIR-NREF、UniPort，与90多个生物数据库（蛋白家族、蛋白质功能、蛋白质网络、蛋白质互作、基因组等数据库）存在着交叉引用等。

第二节　线粒体基因组研究

一、动物线粒体基因组的基本特征

自20世纪60年代Nase等人用电子显微镜在鸡卵母细胞中直接观察到线粒体DNA（Mitochondrial DNA，mtDNA）后，人们又在线粒体中发现了RNA、DNA聚合酶等进行DNA复制、转录和蛋白质翻译的全套装备，进而对线粒体的基因结构、组成、复制、转录及表达等方面进行了深入的研究。线粒体（Mitochondrion）是真核生物细胞内的重要细胞器，几乎存在于各类真核生物细胞内，由双层膜包被，内含独立的基因组（mtDNA），外膜光滑，内膜向内折叠成嵴，处于新陈代谢和生物能量转换的中心地位，在细胞中执行氧化磷酸化及脂肪酸和某些蛋白质的生物合成（Brand，1997），并参与细胞的代谢、发育和衰老过程（Kroemer & Dalla，1998；Graeber，1998）；线粒体中嵴数量和形态的持续改变与能量供应有关（Scheffier，1999），离线粒体中央较近，具有呼吸链酶系及ATP酶复合体，通过氧化磷酸化提供细胞生命活动所必须的 ATP；线粒体自身发生分裂和融合，也关系到细胞内的能量供应（Bereiter，1994）。

线粒体位于真核细胞内，是一种长 1～2μm 级的细胞器，且被双层膜所包裹，有完整的遗传体系。存在于不同真核细胞中的线粒体，其不同体现在大小、形状、数量上。线粒体内膜嵴上与呼吸链偶联发生的生物化学反应——氧化磷酸化，最终使 ADP 与无机 Pi 合成 ATP（三磷酸腺苷），可以为细胞生长提供能量。此外，线粒体还可以通过调节膜电位参与细胞凋亡，其线粒体内的分布模式与胚胎干细胞的分化关联、线粒体转运蛋白调控癌细胞的细胞周期及与细胞的生长过程相关。

线粒体基因组因暴露在不同的组织和细胞的氧化环境内，且缺乏类似于核基因的组蛋白的保护和相应的修复机制，还有受有效种群数量小、共生菌、代谢速率等因素的影响，突变易固定。母系遗传且不存在异质性，基因重组率低，有利于群体生物学的研究。基因结构稳固、简单，缺乏复杂的结构如内含子，方便后续数据分析。个体内 mtDNA 具有高度的均一性，无结构特异性。拷贝数量多，可单独进行 DNA 的复制、RNA 的转录、翻译合成蛋白质等过程，多用于分子系统学研究。

线粒体基因组的大小变化范围极大，在不同物种、同一物种的不同个体间以及同一个体内，mtDNA 长度差异显著。动物线粒体基因组较小，其中，哺乳动物的最小，两栖类次之，鱼类的较大，一般为 16～18kb（酵母菌的线粒体 DNA 为动物线粒体的 5 倍，植物线粒体 DNA 又是酵母菌的 5 倍）。此外，不同生物种类的线粒体基因组在结构及编码能力方面也存在较大的变化（Boore，1999；徐晋麟等，2001）。动物的线粒体基因组结构较稳定，大多数动物的 mtDNA 由 37 个基因和一段长度可变的非编码序列（mtDNA 控制区）组成。37 个基因中包含 13 个蛋白质编码基因（Protein Coding Gene，PCGs），这 13 个蛋白质编码基因包括 1 个细胞色素 b 基因（*CYTB*），2 个 ATP 酶亚基基因（*ATP6*、*ATP8*），3 个细胞色素氧化酶亚基基因（*COX1*、*COX2* 和 *COX3*），7 个

NADH 还原酶复合体的亚单位基因（*ND1*～*6* 及 *ND4L*）。2 个 rRNA 基因分别为 *12srRNA* 和 *16srRNA*，22 个 tRNA 基因和 1 个包含复制起点的控制区（Control Region）（称为 A+T-rich 区，也称为 D-Loop 区）。动物线粒体基因组的基因排列方式极为紧凑，编码效率高，蛋白质编码基因中无内含子，几乎没有基因间隔序列（即使有也少于 10 个核苷酸），部分基因间会发生相互重叠，这使得 mtDNA 的编码效率较核 DNA 高，同时也使得 mtDNA 的任何突变都可能影响到基因组中的重要功能区域。很多线粒体蛋白质编码基因含有不完整的 T 或 TA 终止密码子，通过转录后加工时补全终止密码子（Ojala et al.，1981），使得碱基的使用节约、高效。尽管线粒体基因组具有较高的进化速率，但是 37 个基因在排列顺序上仍然是十分保守的，而在较高级阶元中可能会出现某些基因的顺序发生改变的情况（Boore et al.，1995；Masta & Boore，2004；Zhong et al.，2005；Wei et al.，2011），但是对于线粒体的功能几乎是没有影响的（Boore et al.，1995）。线粒体基因组的核苷酸组成具有显著的不均一性，有明显的 A+T 偏向性。碱基组成的 G+C 含量在 21%～50%之间变化。分类地位越高的动物类群的 G+C 含量相对越高，像哺乳动物和鸟类等；而无脊椎动物，特别是昆虫，其 mtDNA 的 G+C 含量较低，A+T 含量很高，可达 77%左右（Crozier & Crozier，1993；Simon et al.，1994；Hong et al.，2009；Jiang et al.，2009），各基因碱基含量不同，可能是由于基因的进化选择压力不同、线粒体内部环境及基因组特殊的复制方式所造成（Qiu & Huang，2007）。

1. 蛋白质编码基因（PCGs）

动物线粒体基因组中包含 13 个蛋白质编码的基因，除了 *ND6* 基因是 L 链（N 链）编码之外，其余 12 个基因均由 H 链（J 链）编码。多数蛋白质编码基因之间由 tRNA 基因间隔开，只有 *ND4L*/*ND4*、*ATP6*/*ATP8*、*ATP6*/*COX1* 和 *ND5*/*ND6* 基因紧密相连，有的彼此重叠。有关 13 个基因的进化速度，人们从对大量动物线粒体 DNA 蛋白质编码基因序列的比较研究中发现，同

源性最高的为 *CYTB*、*COX1*、*COX2*、*COX3*，它们的序列最为保守，而 *ATP6* 和 *ATP8* 基因变异比较大。线粒体基因组中，基因编码也不同于核 DNA 的方式：启动子和终止子采用压缩的方式进行连接，有的重叠多个碱基，有报道认为是因为 RNA 自我剪接的结果。

动物线粒体蛋白质编码基因在密码子使用方面有其自身特点。动物线粒体遗传密码子与正常遗传密码子有所不同，如线粒体、原核生物以及真核生物的核质中遗传密码不同（Osawa et al.，1989，1990，1992）。此外，线粒体基因的遗传密码还因生物类群的不同存在一定差异（王镜岩，2002）。在已测序的线粒体蛋白质编码基因中，起始密码子的使用比较一致，ATN 是最常用的，但在一些类群中普遍存在一些特殊的使用，如 ACG、GTG（Maehida et al.，2002）、TTA（Yamauehi et al.，2002）、TTG（Ogoh & Ohmiya，2004）、TCG（Nardi et al.，2003）等；对终止密码子而言，通常使用两类密码子：一类是完全终止密码子，TAA 和 TAG 较常见；另一类则是不完全终止密码子，如 TA 和 T。这种不完全终止密码子各物种有所不同，可以通过转录后的加工，即通过 3′端的多聚腺苷酸化作用将不完整的终止密码子补全为完整的 TAA（Ojala et al.，1981）。动物线粒体基因组遗传密码的使用存在偏向性，首先，密码子的第三位碱基为 A、C 的比例明显高于 G、T，其中 A 的比例最高，G 最低；其次，密码子的第二位碱基为嘧啶的比例明显高于嘌呤，由于第二位碱基为嘧啶的密码子多编码疏水氨基酸，这种疏水氨基酸的偏向性与线粒体的功能是相适应的（Tzeng，1992；Lee & Koeher，1995；Noack et al.，1996）。

2. tRNA 基因（tRNA Genes）

核基因组摆动假说表明，至少需要 32 种 tRNA 识别全部的氨基酸密码子，但在线粒体中却存在特殊的遗传密码变偶规则，使得仅仅 22 种 tRNA 就可以满足线粒体蛋白质翻译中所有密码子的需要。这是由于线粒体 tRNA 的反密码子与密码子之间匹配的摆动原则简化后的结果（Yokobori et al.，2001）。H-链编码的 tRNA

基因散布在蛋白质基因和 rRNA 基因之间，相邻基因间隔 1～30 个碱基紧密相连，甚至重叠。一般 trnM、trnH、trnL 等保守性最高，而 trnS 的变异最大（Tzeng et al.，1992）。

线粒体的 22 个 tRNA 基因碱基个数通常在 60～70bp 之间，线粒体 tRNA 也能形成典型的三叶草型二级结构，包括 7bp 的氨基酸接受臂（Acceptor Arm），4bp 的双氢尿嘧啶（DHU）臂，5bp 的 TΨC 臂和 5bp 的反密码子（Anti Codon）臂，以及一个额外的可变环组成。在 tRNA 分子结构中，各臂碱基对存在高比例的错配，一般氨基酸接受臂和反密码子臂较为保守，而 DHU 环与 TΨC 环的变化较大，在后生动物（特别是昆虫）线粒体基因组 tRNA（AGN）基因中存在 DHU 臂缺失现象和 TΨC 臂缺失现象，还有一些物种的线粒体 tRNA 基因在结构和排列顺序上会发生一些变化。脊椎动物中 $tRNA^{Ser(AGY)}$ 二级结构分歧最大，一般不能形成完整的三叶草结构，缺失 DHU 臂（Lee & Kocher，1995；Noact et al.，1996），各个臂上错配多以 G—U 为主。

3. rRNA 基因（rRNA Genes）

动物线粒体基因组中一般存在两种 rRNA 基因：*16srRNA* 和 *12srRNA*，它们在蛋白质合成中起着重要的作用，其与 tRNA 及 mRNA 结合，在翻译起始、延伸和终止因子的参与下进行蛋白质的合成（Lee et al.，2004；Li et al.，2005）。*16srRNA* 和 *12srRNA* 的进化速率在线粒体各基因组分中最慢，*16srRNA* 和 *12srRNA* 更为保守（Hickson et al.，1996；Flook & Rowell，1997；Buekley et al.，2000；Page，2000；Misof et al.，2002；Page et al.，2002；Yoshizawa & Johnson，2003）。此外，rRNA 二级结构模型成为系统进化研究的另一个重点，Peer 等最早提出鱼类 srRNA 二级结构，包括 43 个茎区和一些环区，其中环区比茎区核酸替换速率高（Peer et al.，1994）。Springer 和 Douzery 提出哺乳动物 srRNA 二级结构模型（Springer & Douzery，1996）。牛（*Bos taurus*）1rRNA 二级结构和麦穗鱼（*Pseudorasbora parva*）srRNA 二级结构也已预测出（Rijk et al.，1999；Chen et al.，

2012)。进行系统发育分析时需将替换速率大的环区序列删除，然后用于构建良好的系统发育树。

4. 非编码区（Non-coding Region）

动物线粒体基因组中有两段非编码区：一段为控制区（Control Region），又称D-环区（D-Loop）；另一段则是L-链复制起始区（O_L）（Guo et al.，2004）。轻链复制起始区（O_L）长约30～50bp，位于$tRNA^{Asn}$和$tRNA^{Cys}$之间。该段序列可折叠成茎环结构，存在5′-GCCGG-3′模体（Motif），茎区保守，环区多变。D-Loop区一般位于$tRNA^{Pro}$和$tRNA^{Phe}$之间，是整个线粒体基因组中序列和长度变异均为最大的区域，包括终止序列区（TAS）、保守序列区（CSB-1、2、3）以及中央保守序列区（CSB-A、B、C、D、E、F）。鲤形目鱼类仅存在CSB-D、E、F类型（Liu et al.，2002）；大口胭脂鱼（*Lctiobus cyprinellus*）只存在CSB-D（Zeng & Liu，2001），而圆斑星鲽及鲽形目鱼类控制区中包括6个完整的中央保守序列区，是目前所发现的结构最完整的控制区（Hao et al.，2007）。控制区变异较大，适合用于种间及种内进化分析，应用十分广泛（Li，2006；Qi et al.，2008；Zhang et al.，2009）。

哺乳动物mtDNA中存在着简单重复序列，这些简单重复序列可以伴随着mtDNA的母系遗传在世代间传递。因此，可以利用其特征来研究简单重复序列的变化规律。同时也可以对这些简单重复序列形成的机制加以阐述。综合现有的文献报道，动物的简单重复序列可以分布在结构基因内，而更多的则集中出现在和mtDNA复制控制密切相关的D-Loop区（Runhual et al.，2010）。Alexandre等的研究表明，对不同能量需求的物种而言，为应对不同的能量需求，长度不同的重复序列有助于快速的调控DNA复制和转录的速度（Alexandre et al.，2009）。Wei等对哺乳动物D-Loop区的研究表明，哺乳动物线粒体D-Loop区所含有的简单重复序列在进化上曾一度出现分歧，可能哺乳动物在进化过程中出现了两条不同的进化途径，对分类地位最高的哺乳动物尼安德人、人、黑猩猩、倭猩猩、西部大猩猩等分析发现均不含有任何简单重复序列，而且在分类地位上没有出现与之对等地位的哺乳动物含有简单重复序列，表明位于线粒体DNA中的简单重复序列在哺乳类动物进化过程中会逐步趋于消失（Wei et al.，2011）。Shi等对舌鳎亚科鱼类控制区结构与其它鲽形目鱼类研究表明，控制区在5′端都存在串联重复序列，并且重复序列可以形成非常稳定的二级结构，进而推测了舌鳎鱼类重复序列可能的延伸过程（Shi et al.，2012）。

二、线粒体基因组的分析方法

近年来，随着PCR和LA-PCR技术的迅速发展，线粒体基因组全序列不断被测出，其已经成为研究不同动物类群的起源、进化、系统发育及群体遗传学的理想材料。截至2012年1月，已经测出线粒体基因组全序列（或接近全序列）的后生动物种类约有3 000种，其中，886种真骨鱼中，鲤科约116种，数量远多于核基因组。由于线粒体长度在16kb左右，而全自动测序仪的单向有效测序长度约800bp，所以需要将mtDNA化整为零后进行测序，最后再通过软件或手工组装为mtDNA全序列。目前主要有以下几种：

1. 线粒体基因组的测序方法

（1）基于物理分离的方法　通过氯化铯密度梯度离心法或差速离心法分离得到mtDNA，然后再用核酸限制性内切酶对mtDNA进行一次或两次的部分或完全酶切，或通过超声随机打断，以得到短的DNA片段（小于1 000bP），并将小片段克隆到质粒载体中以用于测序（Lu et al.，2002）。该策略非常耗时，步骤繁多，无法快速应用于大量生物的线粒体全基因组的测序工作中。

（2）基于常规PCR技术的方法　该方法是现在的主流方法之一，主要策略是参考公布的线粒体基因组研究通用引物（Simon et al.，1994）或通过近源物种的线粒体基因组全序列，设计出能覆盖全基因组的引物，然后采用常规PCR技术直接将总DNA做模板，对线粒体基因组进行扩增，形成一系列长度短于5kb的DNA片段，并将其克隆进质粒载体进行测序。基于PCR的策略方法，最为关键的是要求有一系列整套覆盖全线粒体基因组且具有种属特异性的通用引物，并且这些通用引物扩增的范围要能相互重叠覆盖整个线粒体基因组，从而保证基因组序列拼接的完整性以及数据的准确率。

（3）基于 LA-PCR 技术的方法　基于 LA-PCR 方法不仅能保证得到足够的线粒体全基因组数量，而且排除了核中线粒体假基因的干扰，优势逐渐凸显。LA-PCR 扩增的难度随扩增片段长度增加而增加，一次性扩增 16kb 的片段难度很大，最有效的方法是将全线粒体基因组分为 2～3 个相互重叠的长片段进行扩增。近年来迅速应用于动物的线粒体测序工作，但 LA-PCR 对模板的纯度和引物的匹配程度要求比较高，尤其是线粒体基因的重排更增加了引物设计的困难。LA-PCR 反应中一般采用高保真的酶（Takara LA）来保证引物和模板的精确配对。LA-PCR 分离线粒体的优点是，它只需要常规的分子生物学技术和手段，对仪器和设备的要求不太高，而且基于二次 PCR 的 LA-PCR 方法可以避免常规 PCR 非特异性扩增出核内假基因，这种方法可以同时保证引物的通用性和可靠性，是目前最简单、经济和快速的方法，应用范围越来越广。近年来这种方法已经成功地用于鱼类（Saitoh et al，2006）、鸟类（Sorenson et al.，1999）、甲壳类动物（Yamauehi & Miya，2005）和昆虫（Kiml et al.，2005）等线粒体全基因组的测定。

2. 线粒体基因组的拼接和注释

通过拼接软件 Sequencher 4.0 或 DNAstar 中的 Seqman 程序利用序列间的重叠区对测序输出的 ab 和 sq 文件进行拼接，完成拼接后的全线粒体序列以 Fasta 格式输出，用于后续基因注释。基因注释主要用于基因定位。参考 GenBank 中已注释好的近缘物种线粒体基因组，以近缘物种第一个 $tRNA^{Phe}$ 基因起点作为线粒体基因组的第一个碱基，对组装好的序列进行链转换及调零；注释好的全序列通过在线 tRNAscan-SE1.21（http：//lowelab.ucsc.Edu/tRNAscan-SE）对 tRNA 的相对位置、长度、反密码子和二级结构等进行预测；少数无法通过 tRNAscan-SE 的 tRNA 基因、蛋白质编码基因和 rRNA 基因，则使用 Geneious 4.8.3 等软件中的 Alignment 程序，将待分析序列与参照序列进行全序列比对，确定各基因相对位置、序列长度、起始和终止密码子并在相应的位置注释。线粒体基因组环形图可以通过 Geneious 4.8.3 绘制。

3. 线粒体基因组分析

应用 DNAstar 软件包中的 Editseq 及 MEGA5.0 软件计算序列的总长、碱基含量以及线粒体组联合数据的变异位点、简约信号位点和相对碱基频率等，应用 Codon W 在线程序对密码子使用频率、最优密码子等进行统计。应用重复序列在线查找软件 Tandem Repeats Finder（http：//tandem.bu.edu/trf/trf.html）对线粒体基因组的 AT 富含区进行重复序列的初步分析，对于查找到的重复序列再进行人工细化分析。

三、线粒体基因组的进化特征

有关线粒体基因组的进化是当前研究的热点问题之一。线粒体 DNA 缺乏组蛋白和结合蛋白保护，大部分裸露于自由基和超氧化物氧化剂中，缺乏有效的修复系统，复制时更易损伤，发生突变的频率远高于核基因组，因此易引起较高的突变率。分子进化主要以碱基替换为主，序列进化速率比核基因快，几乎没有重组现象。碱基替换以转换为主，发生在基因间隔区和控制区，不同部位替换速率不同，控制区最快，蛋白质和 tRNA 次之，rRNA 基因最慢。进行系统发育分析时，选择不同的分子标记将获得突破性进展。目前研究大多数动物 mtDNA 不同基因进化速率表明，多数种群的 D-Loop 区进化速率最快，一般用于种内、种间进化分析；而 rRNA 基因最慢，常用于种或种上水平分析（Li，2006）；蛋白基因进化速率中等，蛋白质编码基因具有三联体密码子，其密码子第一和第二位点都有很强的约束作用，第三位点约束小，易发生替换，使得线粒体蛋白质 DNA 的进化模式受到影响。此外，蛋白质本身具有高级结构，这些高级结构对蛋白质基因的进化也会产生一定的影响。但是，不同的蛋白质编码基因具体进化特征也不同，有些硬骨

鱼的 *ND2* 和 *ND6* 进化速率较快，一些头索类的 *ATP8* 较快（Geller，1993）。鱼类线粒体基因保守程度目前主要有 3 种观点，Zardoya 和 Meyer 对脊椎动物高级阶元的系统发育分析显示 13 个蛋白编码基因可分为 3 组：性能好的 5 个基因为 *ND2*、*ND4*、*ND5*、*COX1* 和 *CYTB*；中等的 4 个基因为 *ND1*、*ND6*、*COX2*、*COX3*；性能差的 4 个基因为 *ATPase8*、*ATPase6*、*ND3*、*ND4L*（Zardoya & Meyer，1996）。Miya 和 Nishida 将鱼纲 13 种蛋白质基因按性能分 5 类：性能非常好的 4 个基因为 *ND5*、*ND4*、*COX3*、*COX1*；好的 2 个基因为 *COX2* 和 *CYTB*；中等的 2 个基因为 *ND3* 和 *ND2*，差的 2 个基因为 *ND1* 和 *ATPase6*；很差的 3 个基因为 *ND4L*、*ND6* 和 *ATPases*（Miya & Nishida，2000）。Chen 等对硬骨鱼线粒体基因系统发育效率分析显示蛋白质基因按性能分 3 类：性能好的 4 个基因为 *ND2*、*ND4*、*ND5*、*ND6*；性能中等的 5 个基因为 *ND1*、*COX1*、*COX2*、*COX3*、*CYTB*；性能差的 4 个基因为 *ATPase8*、*ATPase6*、*ND3*、*ND4L*。其中，不管在哪个阶元上分析，16SrRNA、12SrRNA 都具有很好的系统发育信息（Chen et al.，2008）。

四、DNA 条形码的应用

DNA 条形码技术是利用基因组中一段公认的、相对较短的 DNA 序列进行物种鉴定的一种分子生物学技术，该项技术几乎不受物种形态学特征和发育阶段的限制，很好地弥补了传统分类学形状相似且不稳定、易受外界因素影响等缺点。自 2003 年以后，HEBERT 等提出这一理论之后，广泛应用在动物物种鉴定中。之后，DNA 条形码技术被广泛应用在毒品领域及食品、医药、生态、环境、进出口检疫等方面，因此得到快速发展。

线粒体 DNA 的 *COI* 基因，序列相对保守，但又有足够的变异，因此成为最常用的 DNA 条形码，被应用在物种鉴定中。刘玮琦在对进境俄罗斯粮食中携带的两枚未知种子的检疫鉴定中，将 DNA 条形码技术、种子形态鉴定理论、地理学等多方信息结合，为口岸外来有害生物检疫鉴定提供参考。左佳俊等开发 3 种 DNA 条形码对 48 份来自中国卤虫储存中心的卤虫卵材料进行 DNA 条形码检测，并且构建系统进化树进行进化关系研究，对卤虫进行更深层次的种的分类鉴定。目前，随着 DNA 条形码技术在鱼类物种鉴定中的广泛应用，该技术已经发展并且应用到鱼类组织干制品，比如花胶的鉴定中。郑晓聪等对深圳药房以及超市等多所售卖的花胶进行 DNA 提取、扩增、测序、分析、比对，以此来检验市售花胶是否符合产品标签。

第三节 分子系统发育分析

分子系统学（Molecular Systematics）是应用 DNA 或蛋白质序列等各种类型的分子数据研究基因或有机体之间进化关系的学科，它是分子生物学和系统学相互渗透产生的交叉学科（Nei，1996；Huelsenbeck & Rannala，1997；Huelsenbeck et al.，2000；Huelsenbeck et al.，2001）。20 世纪 60 年代末蛋白质测序技术的常规化，和 80 年代中后期 DNA 快速测序技术的成熟和普及，为分子系统学研究提供了极为有效的获取大量数据的实验手段。在过去的几十年里，分子系统学已经取得了长足的进展。它主要包括两大领域：种群遗传学（Population Genetics）和系统发育学（Phylogenetics）。前者主要研究种内分化，后者主要研究物种多样性及种间系统发育。分子系统学使得系统发育和进化的研究进入到从分子水平上对演化机制的本质进行探讨的阶段。

一、分子序列数据的特点

由于 DNA 快速测序技术的广泛应用，当前的分子系统学研究主要是基于 DNA 序列，而蛋白质序列的应用则相对较少（Adachi & Hasegawa，1996；Liò & Goldman，1998；Adachi et al.，2000）。在生物系统学的发展史上，表征分类学（Phenetics）和支序系统学（Cladistics）虽然属于两个不同的学派，但都强调需要大量的并且能够用于严格数学分析的性状数据（Nei，1996；Whelan et al.，2001）。然而经典的形态或生理性状难以充分满足这一要求。与此相比，DNA 序列数据则具有明显的优势：①DNA 序列是严格的遗传实体，而很多形态生理性状则或多或少受到环境因子的影响；②对于 DNA 序列来说，每个核苷酸位点只有 A、C、G 和 T 这 4 种可能的性状，因而能够准确无误地加以描述；③进化规律较为简单，便于数学建模和统计分析；④同源性评估相比之下更为简便；⑤能够在远缘生物之间直接进行比较；⑥数据量极其丰富。当然，这些优越性并不意味着分子数据可以取代经典的形态、解剖、生理和古生物证据。事实上，它们之间是互补关系。DNA 序列是基因型数据，而经典性状则是表现型数据。

二、重建系统发育关系

目前，根据分子生物学数据进行系统发育重建的方法主要有：距离矩阵法（Distance Matrix）、最大简约法（Maximum Parisony Method）、最大似然法（Maximum Likelihood Method）和贝叶斯推测法（Bayesian Analysis）等。Holder 和 Lewis 就这些方法各自的优点和缺点做了较为详细的评述。一般而言，分子生物学家和遗传学家倾向于使用距离矩阵法（主要是邻接法）；系统学家倾向于使用最大简约法；分子进化生物学家和统计学家则倾向于使用最大似然法和贝叶斯推测法（Holder & Lewis，2003）。目前的趋势是大家倾向于相信多种方法共同支持的系统发育关系。近年来，概率论和统计学被广泛地应用于分子系统学，并取得了显著的成果。新的分析方法层出不穷，特别是似然比检验（Likelihood Ratio Tests）和贝叶斯推测（Bayesian Inference）的应用，代表了方法论的重要进展，为许多过去难以处理的重要问题提供了强有力的解决工具（Huelsenbeck & Rannala，1997；Huelsenbeck et al.，2000；Huelsenbeck et al.，2001）。构建系统树的方法虽然很多，然而目前还没有一种方法可以普遍适合于各种数据或各种条件。对于具体的分子数据，还需要从方法本身所依据的假设、计算的时间、一致性估计和计算机模拟等几个方面进行比较，从而选择合适的构建进化树方法。但必须强调的是，任何系统学方法都包含各种假说（Huelsenbeck & Rannala，1997；Whelan et al.，2001），其间的假设代表了可能的生物学过程，通常以模型的方式出现。如果违背假设很可能导致产生错误的结论（Goldman et al.，2000；Goldman & Whelan，2000；Whelan et al.，2001）。正如Doolittle所强调，"如果镶嵌进化或基因水平转移的影响不能被小到足以排除或被限制在特殊的基因，那么任何分类系统都不能被当作自然分类系统（Doolittle，1999）。"所以，分子系统发育学家如果不能发现真正的树，并不是因为他们所采用的方法不充分或者选错了基因，而是因为生命的进化历史本身可能就不宜被描绘成一棵树。尽管如此，基于分子序列的分类学仍然不可缺少，对进化过程的了解也终将会越来越丰富。因此，我们必须深刻理解分子系统学中各类模型的生物学含义及其适用条件，这也是进行正确分析的重要前提和依据。

三、分子系统发育分析的常用软件

1. Clustal

介绍：主要用来对分子数据进行对位排列的经典软件。将待研究序列加入到一组与之同源，但来自不同物种的序列中，进行多序列同时比较，以确定该序列与其它序列间的同源性大小。这是理论分析方法中最关键的一步。完成这一工作必须使用多序列比较算法，常用的程序有CLUSTAL等。Clustal是一个单机版的基于渐进比对的多序列比对工具，由Higgins D. G. 等开发。有应用于多种操作系统平台的版本，包括linux版，DOS版的clustlw、clustalx等。Clustal是一种渐进的比对方法，先将多个序列两两比对构建距离矩阵，反应序列之间两两关系，然后根据距离矩阵计算产生系统进化指导树，对关系密切的序列进行加权，然后从最紧密的两条序列开始，逐步引入临近的序列并不断重新构建比对，直到所有序列都被加入为止。

下载地址：http：//www. clustal. org。

操作系统：XP/Linux/Mac OS。

界面：包括图形界面（Clustal X）和命令行界面（Clustal W）。

2. mEmboss

介绍：全称为“The European Molecular Biology Open Software Suite”。内置功能包括：序列转换、分析、对位排列、蛋白翻译等近200个工具程序，功能极其强大，支持命令行格式，特别适合于批量处理序列时使用。

下载地址：http：//emboss. sourceforge. net/。

操作系统：XP/Linux/Mac OS。

界面：包括图形界面和命令行界面。

3. DNAstar

介绍：综合性序列分析软件，用作DNA和蛋白质序列分析、重叠群拼接和基因工程管理。在该软件的应用程序中，可用于研究生物学、结构和分子主题的可能性。

下载地址：http：//www. dnastar. com/。

操作系统：XP/Linux/Mac OS。

界面：图形界面。

4. PAUP

介绍：PAUP是一款用于构建进化树（系统发育树）的软件，其中，含有众多分子进化模型和方法，可利用最大似然法进行相关检验的软件，包括简约法、距离法等分析分子数据（DNA、蛋白质序列）、形态学数据，常被作为最大似然法构建进化树的标准程序。虽然功能极其强大，但是使用却极为复杂，需要使用者仔细研读使用手册，深刻理解构建进化树原理。

下载地址：商业软件，需要付费。

操作系统：XP/Linux/Mac OS。

界面：图形界面，但使用需要输入命令行。

5. PhyML

介绍：基于最大似然法的构建系统发育树软件。特点是速度较快，内含模型较多，使用较为方便。最近在原来基础上推出PhyML-Structure（可利用蛋白结构信息）、PhyML-Mixture（可用混合模型）版本。

下载地址：http：//www. atgc-montpellier. fr/。

操作系统：XP/Linux/Mac OS。

界面：Dos 窗口下运行，类似与 Phylip 界面。支持命令行。

6. RAxML

介绍：基于最大似然法构建系统发育树的软件。RAxML 是用极大似然法建立进化树的软件之一，可以处理超大规模的序列数据，包括上千至上万个物种，几百至上万个已经比对好的碱基序列。作者是德国慕尼黑大学的 A. Stamatak 博士。

下载地址：http：//www. epfl. ch/stamatak/index-Dateien/Page443. htm，也可以使用 www. phylo. com 的超级计算机运行。

操作系统：XP/Linux/Mac OS。

界面：支持命令行。

7. MEGA5. 0

介绍：此款软件拥有 Phylogeny、User Tree、Selection、Rates、Clocks 等多种功能。

下载地址：http：//www. megasoftware. net/。

操作系统：XP/Linux/Mac OS。

界面：图形界面。

第四节 适应性进化分析

适应性进化是进化生物学的基本现象之一，是每一种生物为了更好地适应其所处的生态环境因而在形态、行为和生理上逐渐变化的过程。例如，为了在生殖竞争中胜出，孔雀在长期进化过程中产生了色彩鲜艳的尾羽；为了更好地消化植物中的纤维，反刍动物逐渐进化出包含 4 个胃室的反刍胃；生活在极端环境中的植物种类因遭受极端环境胁迫而通常呈现适应性进化特征（Zhong et al.，

2002；Frankel et al.，2003；Zhou et al.，2009）。虽然物种的适应性进化在生物的形态和行为进化方面有着巨大的影响，但是，分子进化的中性学说认为，在基因和基因组中绝大部分的变异是源于随机漂变而来的，这就为有效地检测适应性进化带来了障碍。

一、分子进化的中性学说

Kimura 根据核苷酸、蛋白质中的核苷酸及氨基酸的置换速率，以及绝大部分置换所造成的核酸及蛋白质分子的改变，这些改变不影响生物大分子的功能，从而提出了分子进化中性理论（Kimura，1968）。随后，King 进一步充实了这一学说（King，1969）。中性理论认为在分子水平上，我们所观察到的遗传变异，即在基因组水平上的多态性，均不取决于自然选择所驱动的有利突变的固定，而是取决于那些没有适合效应的突变的随机固定，也就是中性突变的随机漂移决定了基因组上的大多数突变。该理论的主要观点还包括：①大多数突变是有害的，会被负选择（净化选择）所清除；②核苷酸置换率等于中性突变率。如果物种间中性突变率恒定，则置换率也是恒定的，这个预测为分子钟假说提供了解释；③功能较重要的基因或基因区域的进化速率较慢；④种内多态性和种间分歧是中性进化同一过程的两个阶段；⑤形态、生理和行为等特征的进化主要由自然选择所驱动（Kimura，1983）。

中性理论发表之后迅速在国际学术界引起了广泛而持久的争论。这场争论的一个焦点是，在一个基因组中中性突变和非中性突变的比例到底各占了多少？在最近的一项研究中，Orr 比较了果蝇属中两个果蝇种的基因序列，分析了每个物种中大约 6 000 个基因，统计检验证实在这 6 000 个基因中，至少有 19%的基因并非是中性进化的，由于所用的统计学检验手段偏保守，因此，实际的比例有可能更高（Orr，2009）。这项研究的结果表明，中性突变的比例虽然没有原来想象的那么高，但还是主要类型。争论的另一个焦点则是中性理论是否颠覆了达尔文进化论？事实上，中性理论与达尔文进化论并无本质上的冲突。中性理论强调遗传漂变的作用，但也没有否认选择的作用，它承认形态、行为和生态性状，即生物的表现型是在自然选择下进化的。所以，中性理论与其说是反达尔文进化论的，不如说是对达尔文进化论的补充和发展。

二、适应性进化检测的原理和方法

中性突变是指对机体既不产生好处也没有害处的突变，也就是说，中性突变对生物的生殖能力和生存能力（即对环境的适合度）并没有影响。它包括 3 种类型的突变：

（1）同义突变　同义突变不影响氨基酸的组成，也就不影响蛋白质的功能，因此是中性突变的一种。

（2）非功能性突变　DNA 分子中有些不转录的序列，如内含子（Intron）与重复序列等。这些序列对合成蛋白质中的氨基酸没有影响。因此，这些序列中如发生突变，对生物体也没有影响，这也是一种中性突变。

（3）不改变功能的突变　这是一种非同义突变，虽然结构基因的这些非同义突变，改变了由它编码的蛋白质分子的氨基酸组成，却不改变蛋白质原来的功能。例如，不同生物的细胞色素 C 的氨基酸组成是有一些置换的，但它们的生理功能却是相同的。

适应性进化检测通常只检测蛋白质中发生的突变，因而不考虑第二种突变。由于在中性突变中，第一种和第三种突变都不影响生物的适合度，因此在没有适应性进化的前提下，非同义突变和同义突变将以相同的速率被固定下来，使得非同义突变与同义突变的比率近似等于 1（$dN/dS=1$ 或 $\omega=1$）。另一方面，如果非同义突变是有害的，则负选择（净化选择）将会降低其固定速率，使得 $dN<dS$，即 $\omega<1$。如果非同义突变有利于生物的适合度，则其被固定的速率将高于同义突变，致使 $dN>dS$ 即 $\omega>1$。因此，通过检测 ω 值即可以检测出蛋白质是否存在适应性进化。

检测适应性进化的方法有多种，目前最常用的是在密码子置换模型下的似然法（Yang，1998）。用该方法检测适应性进化有 3 种模型，包括分枝模型、位点模型和分枝—位点模型。在利用分枝模型检测适应性进化时，一般首先假设所有分枝的 ω 都相同（单比率模型），计算该假设下系统发育树的 InL；然后假设各分枝都具有独立的 ω（自由比率模型），再计算 InL；通过似然比检验判定哪个假设成立，最后在自由比率模型成立的前提下，采用双比率模型检验所感兴趣的分枝（前景枝）是否大于 1 以判定是否存在正选择。利用位点模型检测适应性进化时，有 3 对模型可以加以利用：第一对是通过比较不允许 $\omega>1$ 的零模型（Mla）和允许 $\omega>1$ 的备择模型（M2a）。计算机模拟研究发现，这两种模型的比较特别有效（Anisimova，2001；Anisimova et al.，2002；Wang et al.，2004）。其中，M1a 模型假设存在两类位点，所占比例分别为 P_0 和 P_1，$P_1=1-P_0$，且 $0<\omega_0<1$，$\omega_1=1$；M2a 模型增加了一类所占比例为 P_2 的位点，$\omega_2>1$，ω_2 从数据中估计。第二对模型则是由零模型 M7（β）和备择模型（β & ω）组成的，前者假设 ω 服从 β 分布，后者加了一个正选择 $\omega_3>1$ 的位点类型。另一对模型为 M3（离散模型）与 MO（单速率模型）。M3 模型为通用离散模型，它对 K 种位点类别所估计的自由参数具有频率和 ω 比率。通过比较以上模型确定存在发生正选择的位点之后，可用贝斯—经验贝斯（BEB）方法来计算每个位点属于某个位点类别的后验概率（Yang et al.，2005），那些具有 $\omega>1$ 的位点类型且后验概率高的位点（即 $P>95\%$）最可能处于正选择。对于大多数基因而言，正选择只发生在少数几个特定谱系的若干位点上。分枝—位点模型可用于检测这种正选择。在分枝—位点模型中，预先将分枝分为前景和背景类别。背景谱系上存在两种类型的位点，即 $0<\omega_0<1$ 的保守位点和 $\omega_1=1$ 的中性位点。在前景谱系上，比例为（$1-P_0-P_1$）的位点处于正选择（$\omega_2>1$）。在零假设中，ω_2 则固定为 1。同样，发生正选择的位点也可以由 BEB 方法判定。

三、基于密码子水平分析线粒体基因组的选择压力

生物体的进化一般包括宏观和微观的进化。从宏观的角度讲，进化是指生物体随外界环境的改变而改变自身的特性或生活方式的

能力，以获得更大的生存概率和繁殖力，而微观角度上的进化则是指生物体的基因发生了改变，并能在其后代中保留一段时间（Zhang，2006）。对于微观角度上的基因进化来说，如果基因的改变是发生在密码子的第三位或少数第一位上，不改变所编码的氨基酸，这种变化我们称之为同义替换（Synonymous Substitution）；如果基因中密码子位点的变化改变了所编码的氨基酸，我们称之为非同义替换（Nonsynonymous Substitution）。如果非同义替换的数目（dN）大于同义替换的数目（dS），我们称之为适应性选择或正选择（Adaptation Selection or Positive Selection），即 $dN/dS>1$；如果非同义替换的数目小于同义替换的数目，我们称之为净化选择或负选择（Purifying Selection or Negative Selection），即 $dN/dS<1$；如果非同义替换的数目大约等于同义替换的数目，我们称之为中性选择（Neutral selection），即 $dN/dS\approx1$（Yang & Nielsen，2000；Yang & Swanson，2002）。蛋白编码基因大多具有比较重要的功能，为了维持功能的稳定性，在进化中比较保守，大部分受到了较强的净化选择作用。其中，最让大家感兴趣的是在功能比较保守的基因中检测出受到正选择压力的位点，因为只有正选择作用才在物种进化、新物种形成以及对新环境的适应中起作用（Fitzpatrick & Mcinerney，2005；Wu et al.，2007）。

在生物系统发育研究中使用线粒体 DNA 时，人们普遍认为这一标记的进化模式符合中性进化。实际上，线粒体在功能上并不是中性的，因为线粒体基因组包含具有重要功能的基因。在进化过程中，有利的突变会通过适应性进化很快在群体中扩张，但是适应性进化的位点很少出现。对于有害的突变来说，净化选择会很快地将其从群体中移除。这样一来，在群体中观察到的突变被认为仅仅反映了中性进化，也符合分子进化的中性理论（Kimura，1983）。已有研究表明，线粒体的进化受到自然选择的作用。近年来，这一方面的研究引起人们越来越多的关注。检验蛋白编码序列选择压力大小常用的方法是比较非同义变异（Nonsynonymous）的速率（dN）以及同义变异（Synonymous）的速率（dS）。人们常用 dN 与 dS

的比值来衡量选择压力的大小，一般说来，蛋白质中的大多数氨基酸位点都受到很强的功能限制，而在长期的进化历史中蛋白质的选择作用通常都表现为净化选择。由于适应性进化发生在特定时间段以及特定的氨基酸位点上（Stewart et al.，1987），因此在蛋白编码序列的整个进化历史中检测到 $dN/dS>1$ 的情形并不多见（Endo et al.，1996）。如果在特定分支中，dN/dS 值增大，就表明非同义变异速率增加，这可能是线粒体的代谢效率降低，选择压力的减小造成的。

在对不同环境或者不同功能的适应过程中，线粒体基因也会相应地发生适应性进化。高原环境影响机体的主要因素是缺氧，机体对高原环境的适应也主要是围绕氧的摄取—运输—利用这条轴线来进行的。线粒体是机体能量代谢的中心，是组织细胞氧利用的关键场所，机体耗能的90%以上来自于线粒体的氧化磷酸化作用。因此，线粒体作为细胞的"动力工厂"，由于线粒体是动物细胞内唯一含有DNA和蛋白质合成系统的细胞器，是氧传送链的生理终点站，因而是细胞氧耗的主要位点，因此，关于线粒体适应（Mitochondrial Adaptation）的研究逐渐成为热点。有研究表明，在一些物种如 alpaca（*Lama pacos*）、chiru（*Pantholops hodgsonii*）、yak（*Bos grunniens*）、ikas（*Ochotona*）等中大量的线粒体基因中发现 *COX* 和 *CYTB* 基因的分子适应性进化（Xu et al.，2005；Di Tocco et al.，2006；da Fonseca et al.，2008；Luo et al.，2008）。在人类线粒体基因的相关研究中，分析表明在人类线粒体基因组的适应性进化中，气候是发生适应性进化的关键驱动因子（Elson et al.，2004；Kivisild et al.，2006；Ingman & Gyllensten，2007；Sun et al.，2007）。同样，对真骨鱼的研究也有类似的结论。Sun等对401种真骨鱼的线粒体编码蛋白基因进行适应性进化检测，发现热带鱼的 dN/dS 要明显大于寒带鱼，洄游的鱼 dN/dS 要小于不洄游的鱼，但是在核基因RAG中没有检测到这种变化趋势（Sun et al.，2011）。Shen等对蝙蝠的线粒体基因组以及氧化呼吸相关的核基因进行了分析，结果表明，23.08%

的线粒体基因以及4.90%的核基因能够检测到适应性进化，这是为了适应蝙蝠的飞行能力。因为飞行消耗的能量非常多，为了维持这一高的能量代谢效率，蝙蝠在飞行能力的演化过程中，线粒体DNA受到自然选择的作用，发生适应性进化（Shen et al.，2010）。Wang等对青藏高原的野牦牛和低地驯养牦牛的线粒体基因组分析，结果表明，青藏高原的牦牛的非同义突变比率明显比驯养牦牛小，尽管人类家养牦牛的驯养历史并不长，但是驯化仍然导致家养牦牛线粒体基因组所受选择压力减小（Wang et al.，2011）。Luo等对西藏野驴基于线粒体全基因组的12个重链编码蛋白的研究表明，西藏野驴的线粒体编码蛋白基因特别是NADH亚基中的 *ND4* 和 *ND5*，可能影响线粒体复合体和电子传递的效率，从而有利于西藏野驴适应青藏高原的高寒、低氧的恶劣环境（Luo et al.，2012）。

四、适应性进化检测的常用软件——CODEML

CODEML是经典的PAML软件包中的一个程序。可以通过设定模型参数分别检验分枝模型、位点模型和分枝—位点模型中的正选择。使用方法承袭PAML软件包的传统，由一个配置文件提供所有参数。它适用的操作系统为XP/Linux/Mac OS，界面使用命令行，下载地址为:（http//abacus. gene. ucl. ac. uk/software/paml. html # download）。

第五节　cDNA文库的构建及EST技术的应用

cDNA是指以mRNA为模板，在反转录酶的作用下形成的互补DNA（Complementary DNA，cDNA）。由于mRNA含有某种细胞的各种RNA分子，因而被合成的cDNA产物各种mRNA拷贝群体，将其和载体DNA重组，并转化到寄主细菌里，得到一系列克隆群体。每个克隆只含有一种mRNA信息，足够数目的克隆总和则包含细胞的全部 mRNA 信息，这样的克隆群体即为 cDNA 文库。从 1976 年 Hofstetter 成功构建了第一个 cDNA 文库以来，构建 cDNA 文库的技术方法经历了一个逐步发展完善的过程。全长 cDNA 文库是大规模、高效获得基因序列信息的一种方法，尤其是对近期尚未完成基因组测序的生物来说，是进行功能基因组研究的重要途径。全长 cDNA 文库拥有大量完整的基因，即不仅包括完整的阅读框架，还拥有 5′和 3′端非编码区的 cDNA，这些都有利于后期研究的进行，如测序、生物信息学分析以及功能的研究。全长 cDNA 文库也是发现新基因和研究基因功能的基础工具，在生物学研究领域中有着较广泛的用途，目前已发现的基因绝大部分是通过 cDNA 文库筛选而得到的。全长 cDNA 文库构建方法比较多，目前报道的主要有 Oligo-Capping 法、CAPture 法、SMART、CAP-Trapper 法、Cap-Select 法和 CAP-Jumping 法。这些方法在构建文库原理、构建文库质量、效率以及实际应用等方面都存在着一些差异。其中 SMART 方法的研究比较成熟。

一、SMART cDNA 文库

SMART 法是目前最常用的构建 cDNA 文库的方法。该方法可快速、简单地构建全长 cDNA 文库。主要原理为：当在反转录酶的作用下，反转录到达 mRNA 的 5′端时，Powerscrint™ RT 在双链核酸的 3′端添加几个脱氧胞嘧啶（dC），而非全长 cDNA，则不含脱氧胞嘧啶（dC）。于是，在 cDNA 第二链合成时，3′端携带 oligo（dG）的第二链引物仅能和带有 dC 的完整单链 cDNA（ss-cDNA）结合，最终得到的双链 cDNA 均为全长序列。并且此法在 cDNA 第一、二链引物的 5′端引入了 SfiI（A）和 SfI（B）位点，即用 SfiI 单酶切，就可以达到双酶切的效果，这些有利于文库的后续筛选工作。与其它方法相比，此方法有其独特的优点：①所需起始材料少，一般 0.5～1μg mRNA；②mRNA 在合成 cDNA 前无需任何酶反应或化学反应处理，不会导致处理过程中 mRNA 的降解和损耗；③实验过程快速、简单，整个过程没有对 mRNA 和中间产物的复杂处理；④全长比例较高。SMART法的缺陷是在合成过程中，退火时cDNA的内部引发第二链的合成，因此，文库中的不完整以及较短的cDNA比例升高。最近研究人员将琼脂糖电泳分级引入SMART法中来构建全长cDNA文库，以提高文库中全长cDNA的比例。目前，多个生物公司已经研制出优化条件后的试剂盒，这样就减轻了文库构建的工作量和难度，并且能够得到较高比例的cDNA全长序列，国内外学者较多选用此法构建cDNA文库，本论文亦采用此法构建拉萨裸裂尻鱼肝脏cDNA文库。

二、EST技术的应用

1. 新基因的发掘和基因的表达分析

ESTs技术现已被广泛应用于新基因的克隆、组织特异性基因表达谱分析、基因组序列的功能注释以及连锁图谱的构建等众多研究领域。当前主要应用EST发掘新基因和了解某种生理状态下生物特定组织或器官基因在某一时间的表达情况，即从已建立好的特定细胞或组织文库中，随机挑选cDNA克隆子并进行自动单次测序，然后将得到的EST数据与公共数据库中的蛋白质、核酸和dbEST等数据库进行比对，获得EST的注释信息，从而可确定哪些ESTs代表了已知基因，哪些代表未知基因，其中代表未知基因的ESTs还可以进行序列拼接，进行二次检索等，以获取组织或者细胞的基因表达概况。通过EST的信息注释，还能获得生物体繁殖分化、生物发育、遗传变异、衰老病死等一系列生命过程的信息（Hatey et al.，1998）。EST的分析应用也成为寻找新基因，鉴定基因家族新成员以及进行基因功能研究的一个高效快速的新途径（Sun et al.，2002；Zhang et al.，2012）。利用EST方法发现、研究并分离出新基因，已经成为当前基因组研究的主要内容（Sasaki，1998；Rounsley & Linx ，1998；Zou et al.，2011；Ding et al.，2011）。当前对基因的差异表达研究发展了如mRNA差别显示、差减杂交等相关新技术，这些技术各有千秋，但EST技术的优势在于其分析规模的巨大和高稳定性。人们可以直接通过随机挑选 cDNA 文库克隆子来大规模测序，探究特定组织或者细胞在某一时期哪些基因表达了，表达的丰度如何等问题。基因的差异表达研究是 EST 研究的主流方向，而基因表达图谱的研究更是主流中的热点，如拟南芥防御系统基因表达（Epple et al.，1997）、油菜保卫细胞的代谢研究（Sterky et al.，1998）、水稻胚乳发育中的基因表达等研究（Liu et al.，1995）。目前，EST 序列的数量正以平均每月 10 万条的速度递增，充分利用 EST 序列资源及优势，将进一步加速新基因的发现和研究。

2. 基因组作图研究

基因在染色体上的定位需要短序列片段的标记作为支撑，这是基因组研究的主题。这些短的序列片段被称之为序列标签位点(Sequence Tagged Site，STS)，它是容易识别的 DNA 序列，在某一种物种基因组中只存在于一条染色体上，特异的 3′UTR、3′EST（从 cDNA3′末端测序得到 EST）就是很好的 STS。NCBI 上现已有一个专门的 dbSTS 数据库。

3. 寻找其它序列

假如一个物种的相关 EST 数据量足够大，大到能够覆盖全部或大部分编码基因，就如人的 EST，现在数据库中已经有 8 301 471条，就可以从这些 EST 数据库中挖掘出 GC 含量，单核苷酸多态性（SNP）、简单序列重复片段（SSR）、密码子的使用频率等一些有用的信息，对于其它一些序列的获得就会变得很容易。

4. 制备 DNA 芯片

DNA 芯片技术，实际上是一种大规模集成的固相杂交，指在固相支持物上原位合成（In Situ Synthesis）寡核苷酸或者直接将大量预先制备的 DNA 探针以显微打印的方式有序地固化在支持物表面，然后与标记的样品进行杂交。通过对杂交信号的检测分析，得出样品的遗传信息（包括基因序列及表达的信息）。由于常用计算机硅芯片作为固相支持物，所以称为 DNA 芯片。根据芯片制备方式的不同，将其分为两大类：DNA 微阵列（DNA Microarray）和原位合成芯片。芯片上固定的探针除了 DNA 外，也可以是

cDNA、寡核苷酸或者是来自于基因组的基因片段，这些探针固化于芯片上形成基因探针阵列。因此，DNA 芯片又被称为基因芯片、cDNA 芯片、寡核苷酸阵列等。ESTs 是用于制备 DNA 芯片很好的基因资源（Benton，1996），而芯片技术也是目前高通量筛选 EST 的一种有效方法。

三、电子克隆技术及其应用

在构建好的 cDNA 文库中，进行大规模的 EST 测序或者是通过 mRNA 差异显示、代表性差异分析等方法获得未知基因的 cDNA 部分序列后，研究人员都迫切地希望克隆到未知基因全长的 cDNA 序列，以便对该基因的功能进行研究。获取全长 cDNA 序列的传统途径是采用原位杂交的方法筛选 cDNA 文库，或者采用基因特异引物（GSP）进行 cDNA 末端快速扩增（RACE），这些方法由于工作量大、费时费力、花费高、成功率低等缺点已满足不了后基因组时代迅猛发展的要求。而随着人类基因组测序完成，家鸡和家猪基因组计划的开始，在基因结构、定位、表达和功能研究等方面都积累了大量的数据，如何充分地利用这些已有的数据资源，加速人类和动物基因克隆研究，同时减少重复工作，节省开支，已经成为一个急迫而富有挑战性的课题摆在研究人员面前。采用生物信息学方法延伸表达序列标签（EST）序列，获得部分基因乃至全长 cDNA 并且结合 PCR 技术和其他实验技术手段进行验证，将为基因克隆和表达分析提供更为快捷和有效的方法。

基因的电子克隆是指以数字算法为手段，以计算机和互联网为工具，利用现有的表达序列标签（EST）和生物信息数据库，通过对大量的 EST 信息进行修正、聚类、拼接和组装，获得完整的基因序列，以期在未注释的基因组序列上发掘未知功能的新基因，并通过生物学实验进行编码和功能验证，为基因组学研究提供新的线索和基础。利用 EST 进行新基因电子克隆的方法有：①将未知 EST 序列放在 dbEST 进行 Blast 检索比较，寻找相似性较高的 ESTs（标准：核苷酸序列在重叠 40 个碱基内有 95%以上的同源性），将获得的ESTs放在核酸（Nr）数据库中进行Blast分析，除去代表已知基因的EST后得到新的ESTs，通过对其拼接（Assembly），从而构建出重叠群（Contigs），重叠群可以进行上述步骤的重复，多次的循环，直到不能再延续为止。②首先利用Blastn程序在EST数据库中进行同源性检索，获得一批与目标ESTs序列高度同源的ESTs序列。其次，选择同源性比分最高的一条EST序列（一般就是第一条EST序列），从NCBI的Unigene数据库进行检索，得到相应的Unigene编号。获得目标ESTs序列的Unigene编号之后，就可以将参与形成Unigene Cluster的所有ESTs序列下载到本地，利用DNAStar软件中的SeqMan程序进行组装，形成较大的片段重叠群（Larger Contig，LC）。然后重复上述操作步骤直至无法对LC序列进行电子延伸，从而形成超级片段重叠群（Super Contig，SC），达到实现对目标ESTs序列电子延伸的目标。

第六节　裂腹鱼类的研究概述

一、裂腹鱼类的起源、分布、形态和分类

据李恒和龙春林报道，裂腹鱼亚科是青藏高原特有类群，大约自第三纪末开始从高黎贡山所在的掸邦—马来亚板块中的鲃亚科分化出来，因而家族历史较短，它们是鱼类区系中较年轻的类群（Li & Long，1999）。青藏高原上所有河流及湖泊鱼类区系的主体，主要由鲤科的裂腹鱼亚科和鳅科的高原鳅属鱼类组成，其中裂腹鱼类，不论在种类上，还是数量上，都占有绝对优势（Zhang et al.，1996）。整个裂腹鱼亚科鱼类的分布范围大体是北起天山山脉和祁连山脉，东至峨眉山山脉和云贵高原，南抵喜马拉雅山山脉，西以兴都库什山脉和帕米尔高原为界的亚洲高原地区，在我国主要分布于雅鲁藏布江、伊洛瓦底江、怒江、澜沧江、元江、珠江、长江、黄河及附属水体，以及新疆、西藏、青海和甘肃等内陆河流与湖泊，其中的青藏高原又是它们分布最为集中的区域。裂腹鱼类生活

在青藏高原水流湍急、冰冷刺骨的水域中，甚至还能生活在盐度高达 12‰～13‰的湖泊中。由于它们生活环境的特点是海拔高、辐射强、水温低，对高原特殊环境表现出了独特的适应性，因而具有重要的科学研究价值。

裂腹鱼类是晚第三纪分布于青藏高原的原始鲃类，长期适应于高原环境而产生的一个自然类群，其分布区域局限于亚洲中部的青藏高原及其周围水域，是青藏高原鱼类区系的最典型代表，特产于亚洲高原地区的一群鲤科鱼类（曹文宣等，1981），它们的共同特征是具有臀鳞，由此在腹部中线形成裂缝。该亚科包括 11 个属，其中 10 个属分布在我国。裂腹鱼亚科为适应高原不同环境分为 3 个等级类群，即原始、特化和高度特化的类群，每一个等级分别代表了青藏高原隆起过程中的特定历史阶段，原始等级的类群指体鳞被覆全身或局部退化，下咽齿 3 行，触须 2 对或个别属为 1 对，包括裂腹鱼属和扁吻鱼属；特化等级的类群指体鳞局部退化或全部退化，下咽齿 2 行，触须 1 对，包括叶须鱼属、重唇鱼属和裸重唇鱼属；高度特化等级的类群指体鳞全部退化，下咽齿 2 行或个别属为 1 行，触须缺，包括裸鲤属、裸裂尻鱼属、黄河鱼属、扁咽齿鱼属、高原鱼属和尖裸鲤属。其中，在西藏地区有裂腹鱼属、重唇鱼属、裸重唇鱼属、裸鲤属、裸裂尻属、黄河鱼属、扁咽齿鱼属、高原鱼属。其中，裂腹鱼属、重唇鱼属和叶须鱼属的鱼类，除了具有外臀鳞外，体表还被覆细小的鳞片，被当地群众称为“细鳞鱼”。裸鲤属、尖裸鲤属、裸裂尻鱼属和高原鱼属的鱼类，除了臀鳞和肩带部分有少数不规则鳞片外，体表鳞片基本退化，身体裸露，通常被称为“无鳞鱼”（Chen，2002）。

二、裂腹鱼类的演化与青藏高原环境变化的关系

曹文宣等研究了青藏高原地区的裂腹鱼亚科鱼类，找到了裂腹鱼类的多样性演化与青藏高原隆升的关系，证明了青藏高原的生物区系起源于高原地区，是高原的隆升导致了生物多样性的形成与演化（曹文宣等，1981）。鱼类学者为适应高原不同环境的裂腹鱼类

分为3个等级类群，每一个等级分别代表了青藏高原隆起过程中的特定历史阶段。Zhao等研究表明，裂腹鱼类3个类群中，高度特化的裂腹鱼类群主要分布在青藏高原的核心地区和主要水系的上游河段，原始类群则主要分布在青藏高原边缘的低山地带，在高度特化类群与原始类群之间点缀分布着特化类群的裂腹鱼（Zhao et al.，2005）。曹文宣等提出裂腹鱼类多样性演化与青藏高原大抬升过程相对应，裂腹鱼类演化过程的3个发展阶段，可以反映出青藏高原的持续隆起过程。在第三纪晚期以后，青藏高原经历了3次急剧抬升和相对稳定交替的阶段，而每次急剧隆起后高原达到的高度，与裂腹鱼类3个特化等级的主干属目前聚居的海拔高度大体一致。高原上升过程的间隙性，产生了环境条件的显著改变和相对稳定时期的交替出现。每一次环境条件的显著改变，导致一次主干属的形成，继而在环境条件相对稳定时，逐步出现旁枝属的分化。随着高原的越来越高，裂腹鱼类对高原环境条件的适应性状越来越特化，从而相继产生了不同特化等级的主干属和旁枝属。He等研究表明，主要裂腹鱼分支发生事件与青藏高原近期地质强烈隆起有很好的一致性，表明高度特化等级裂腹鱼类的起源演化与晚新生代青藏高原阶段性抬升导致的环境变化相关（He et al.，2007）。

三、裂腹鱼类线粒体基因的研究现状

He等采用线粒体细胞色素b基因序列分析了特化等级裂腹鱼类3属9种和亚种的分子系统发育，探讨了特化等级裂腹鱼类的主要分支发生事件与青藏高原阶段性隆起的关系，表明特化等级裂腹鱼类并不是一个单系群，特化等级裂腹鱼类可能起源于中新世，3个属的分歧时间发生在晚中新世，主要的种化事件发生在晚上新世和更新世（He et al.，2003）。He和Chen又分析了23个种和亚种高度特化等级裂腹鱼类的线粒体DNA细胞色素b基因（*CYTB*）全序列，重建了其系统发育关系，结果发现，高度特化等级裂腹鱼类不是单系群，裸鲤属和裸裂尻属也不是单系群，全裸重唇鱼可能是特化类群向高度特化类群演化的过渡类型，高度特化等级裂腹鱼类的起源演化与晚新生代青藏高原阶段性抬升导致的环境变化相关，并阐明了形态学和分子研究结果不一致的原因（He & Chen, 2007）。Dai 等对四川裂腹鱼乌江种群线粒体控制区序列进行遗传多样性分析，表明四川裂腹鱼乌江种群遗传多样性匮乏（Dai et al.，2010）。Xie 等对齐口裂腹鱼线粒体控制区进行测序，表明齐口裂腹鱼在碱基组成上与其它硬骨鱼类控制区组成一致（Xie et al.，2011）。Saitoh 等对鲤形目中 59 种鲤形目线粒体全基因组测序并进行进化分析，结果将鲤科分为两个亚科 12 类即鲤亚科和雅罗鱼亚科（Saitoh et al.，2006），与 Cavender & Coburn（1992）和陈宜瑜等（1998）的形态分类标准类似。其中鲤亚科进化关系为（野鲮类，（鲤类，（裂腹鱼类和鲃类））），雅罗鱼亚科进化关系缺点为（波鱼类，（鳑鲏类，（（鲴类，鲌类），（鮈类，（雅罗鱼类，鱵类））））），文中进化分析所用青海湖裸鲤（裂腹鱼亚科：裸鲤属）的线粒体全基因组，也是裂腹鱼类迄今为止唯一完成线粒体全基因组测序工作的物种，也是唯一提供基因组水平的分子标记，分子数据的不足在一定程度上阻碍了裂腹鱼的起源和演化研究的进展。

地理和生态的变化是造成生物分布区隔离、促使生物发生物种分化的一个重要因子。裂腹鱼类是研究青藏高原隆起与环境变化对物种演化影响的良好对象，这些鱼类能够适应高海拔冷水环境，对其深入研究有助于了解生物对低氧、高寒等恶劣环境的适应机制。但是，迄今为止，对裂腹鱼的研究仅限于形态分类和系统发育与系统地理学研究。

2 第二章 拉萨裸裂尻鱼、异齿裂腹鱼和拉萨裂腹鱼线粒体全基因组的测定

拉萨裸裂尻鱼（*S. younghusbandi*）、异齿裂腹鱼（*S. oconnori*）和拉萨裂腹鱼（*S. waltoni*）均属脊索动物门（Chordata）、硬骨鱼纲（Osteichthyes）、辐鳍亚纲（Actinopterygii）、鲤形目（Cypriniformes）、鲤科（Cyprinidae）、裂腹鱼亚科（Schizothoracinae）。其中，拉萨裸裂尻鱼（*S. younghusbandi*）属于裸裂尻鱼属（*Schizopygopsis*），是裂腹鱼类中的高度特化等级的类群，具有体鳞全部退化、下咽齿1～2行、触须消失等特征；异齿裂腹鱼（*S. oconnori*）和拉萨裂腹鱼（*S. waltoni*）属于裂腹鱼属（*Schizothorax*），是裂腹鱼类中较为原始的类群。3种裂腹鱼均属于青藏高原地区的特有鱼类。

第一节 材料与方法

一、样品采集

本研究所用的实验材料保存方式：无水乙醇固定。采集到的新鲜标本取部分肌肉组织直接浸泡于无水乙醇中并带回西藏大学（扎西次仁老师）实验室，第二天换新鲜的无水乙醇，一周后再换新鲜的无水乙醇，置于4℃冰箱。标本的鉴定在西藏大学老师的协助下，依据《中国动物志》（硬骨鱼纲，鲤形目，中、下卷）（陈宜瑜，1998；乐佩琦，2000）进行。本研究中所采集标本的详细信息参见表2-1。

表 2-1　实验标本来源

目名	科名	亚科名	属名	种名	采集时间	采集地点
鲤形目 Cyprinformes	鲤科 Cyprinidae	裂腹鱼亚科 Schizothoracinae	裂腹鱼属 *Schizothorax*	异齿裂腹鱼 *S. oconnori*	2010.05	西藏
鲤形目 Cyprinformes	鲤科 Cyprinidae	裂腹鱼亚科 Schizothoracinae	裂腹鱼属 *Schizothorax*	拉萨裂腹鱼 *S. waltoni*	2010.05	西藏
鲤形目 Cyprinformes	鲤科 Cyprinidae	裂腹鱼亚科 Schizothoracinae	裂尻鱼属 *Schizopygopsis*	拉萨裸裂尻鱼 *S. younghusbandi*	2010.05	西藏

二、实验仪器与试剂

主要实验仪器：冷冻高速台式离心机、PCR 仪、电泳仪、超低温冰箱、HH-S 恒温水浴锅、PHS-3B 精密数显酸度计、超净工作台、紫外凝胶成像系统、电子天平。

提取工具：国产剪刀、镊子、研磨棒。

实验耗材：枪头、离心管、PCR 管均为上海生工产品。

主要实验试剂：基因组 DNA 提取试剂盒、胶回收试剂盒（艾德莱生物工程有限公司）、琼脂糖（上海 Sangon）、EB（溴化乙啶）（上海 Sangon）、DH5a 大肠杆菌、pMD18-T、x-Gal、IPTG、氨苄西林。

三、实验方法

1. 基因组总 DNA 的提取

我们采用艾德莱生物工程有限公司的动物基因组 DNA 提取试剂盒提取基因组总 DNA。用灭菌镊子分别取 3 种鱼部分肝脏组织，剪碎并按“试剂盒说明书”提取方法进行。基因组总 DNA 的提取是本实验中最基本的操作环节。本实验所采用的 PCR 要求模板 DNA 高纯度且较完整。在基因组总 DNA 提取过程中的注意事项主要包括：①注意应尽量在温和的条件下操作，操作尽量轻柔，消化时间不宜过长，以保证得到较完整的线粒体基因组 DNA；②在 DNA 提取过程中还要尽量做到排除其它大分子成分的污染（如蛋白质、多糖及 RNA 等）；③还要保证提取样品中不含对酶有抑制作用的有机溶剂或高浓度的金属离子。抽提基因组总 DNA 后，可以开展 1.0%琼脂糖凝胶电泳来检测总 DNA 的纯度与浓度的工作。

2. 基因组总 DNA 的检测

采用琼脂糖凝胶电泳仪检测所提取的总 DNA 的纯度和浓度。本实验采用 1%琼脂糖凝胶电泳检测，EB 染色，2μl 上样，用凝胶成像系统观察电泳显示结果。通过琼脂糖凝胶电泳可直接观测到 DNA 的浓度和完整性，是否有蛋白质污染和过量 RNA 等。用琼脂糖凝胶电泳检测时，若样品 DNA 条带整齐、无拖尾，则说明 DNA 较完整，也无杂质；反之，则认为 DNA 样品有降解或混有杂质。DNA 样品 4℃保存，如长期保存应置于－20℃。

3. 线粒体基因组 PCR 引物的设计

在 GenBank 数据库中下载鲤科鱼的部分基因序列和线粒体全基因组序列进行 Clustal W 比对，寻找最保守的区域，然后根据引物设计的基本原则，参考相关种类的线粒体全基因组测序的 PCR 引物，设计本实验目的条带扩增的引物，覆盖线粒体基因组全序列。引物全部由上海生工合成。本实验所用 PCR 引物参见表 2-2。

4. 线粒体基因组扩增

采用上述引物，扩增体系及反应浓度如下：

成分	反应体系（50μl）
$ddDH_2O$	28.8～26.8
10×buffer	5.0～6.0
Mg^{2+}	5.0～6.0

表 2-2　3 种裂腹鱼线粒体全基因组的 PCR 引物设计

引物	上游引物	引物	下游引物
CS-A0	GCATTTGTTCAAATTCTATC	CS-B0	AAGGTCCCTTCTCGGATAATG
CS-A1	AAAGGAAGGAATCGAACCCCC	CS-B1	GCTCATGAGTGGAGGACGTCTT
CS-A2	AAAGCGTTGGCCTTTAAAGC	CS-B2	GTTAGTGGTCATGGGCTTGGATC
CS-A3	TAATGGCCCACCAAGCACATGC	CS-B3	TTAGGTCTGTTTGTCGGAGGC
CS-A4	GGTTTAATTCCATGACCCCTTTATGAC	CS-B4	AACTCTTGGTGCAAATCCAAG
CS-A5	TAATCTGATGAGCCGGCTGCC	CS-B5	TAGGAGGTGTTTAGGGCTTC
CS-A6	GGTTTACTTCCATGACCCCATTATGAC	CS-B6	GCTTACTCATCCGTTAGCCA
CS-A7	CCAAAAGCACACGTAGAAGC	CS-B7	GCCCTATACGTCACCTGATCAATTTTAGAA
CS-A8	AACTCTTGGTGCAAATCCAAG	CS-B8	GAACAAGACATCCGAAAAATAGG
CS-A9	GTCGCCATGGAGGGCCCTAC	CS-B9	CGACTTGCCTGAGGAAGCAT
CS-A10	TCCTACCTAAACGCCTGAGC	CS-B10	GAAGAACCACCGTTGTTATTCAACTACAAG
CS-A11	GCAGCAAAATAAGGCGTAGG	CS-B11	TGAAGAAGAATGATGCTCCG
CS-A12	GACTTGAAAACCACCGTTG	CS-B12	CTCCGATCTCCGGATTACAAGAC
CS-A13	AACAACGAGGACTAACATTC	CS-B13	GTAACGAGACATATGTACTAC

（续）

引物	上游引物	引物	下游引物
CS-A14	ACCCCTGGCTCCCAAAGC	CS-B14	ATCTTAGCATCTTCAGTG
CS-A15	TGAACTATTACTGGCATCTGG	CS-B15	GATCTGGCTAAATCATGATGC
CS-A16	AAAAAGCTTCAAACTGGGATTAGATACCCCACTAT	CS-B16	TGACTGCAGAGGGTGACGGGCGGTGTGT
CS-A17	ACACCGAGAAGACATCCATGC	CS-B17	TTACAGATAGAAACTGACCTGG
CS-A18	GCCTGTTTATCAAAAACC	CS-B18	CCGGTCTGAACTCAGATCACG
CS-A19	CAACGAACCAAGTTACCCTAGG	CS-B19	CGAAAGCTTTATTAGCTGACC
CS-A20	GGTGAAATCCAGGTCAGTTTCTA	CS-B20	TGCTCGTGGGTGGTGTTG

dNTP	4.0
BSA	1.0
Primer1	1.5～2.0
Primer2	1.5～2.0
rTaq	0.7～1.2

扩增条件：			
	95℃	2min	
	93℃	30s	30～35 cycles
	45～60℃	45～90s	
	72℃	45～90s	
	72℃	10min	
	10℃	end	

对于一次扩增目的条带不清晰，依据实验条件，酌情考虑二次扩增。

5. PCR 产物纯化

PCR 扩增得到的目的片段经琼脂糖凝胶电泳分离后，在紫外灯下切割收集含有目的片段的胶片，采用硅胶树脂法进行回收纯化。在回收 PCR 产物时，为了保证回收质量，应注意如下操作事项：①洗脱液温度应为 65～80℃，能有效地提高回收率；②另在紫外灯下观察切割条带时，操作要快，DNA 条带在紫外灯下的暴露时间应尽量短，否则 UV 会引起 DNA 降解或变异。扩增产物经胶回收试剂盒纯化，具体回收步骤过程参见其说明。需改进的操作为纯化最后一步洗脱柱子时用 30～50μl 灭菌水代替 TE 缓冲液洗脱 DNA，有利于后续二次 PCR 的扩增，避免 TE 阻碍 PCR 的反应进行。二次 PCR 产物首先要经过 1.0%的琼脂糖凝胶电泳检测，之后进行切胶，由于二次 PCR 产物要作为直接测序的模板或者用于克隆，因此要严格保证没有任何杂带干扰，若纯化后检测仍然有杂带，则必须重新再做二次 PCR。

6. 测序

在得到 PCR 的纯化产物以后，首先采用直接测序的方法来获得序列信息，每个片段都采用双向测序法，对于大于 2 000bp 的片段可以继续设计引物测序直到测通。在本实验中，凡是不能用直接测序得到序列信息的片段，均采用克隆后测序，即将目的片段导入载体后利用载体的通用引物进行序列测定，本实验采用的载体为TaKaRa公司的pMD-181Vectors载体。克隆方法均参照《分子克隆实验指南》中的步骤进行。将片段连接克隆到载体，并转化到感受态宿主菌XL-1，经蓝白斑筛选，挑出重组阳性克隆进行测序，并利用载体多克隆位点两侧M13通用引物（M13F和M13R）进行双向测序反应。所有测序工作由上海美吉生物完成，测序仪采用ABI公司3730型遗传分析仪。PCR产物直接测序或者克隆后测序，所有片段均采用正反双向测序。

7. 序列拼接、注释与分析

（1）序列的拼接和组装　测序结果由上海美吉生物收集数据并递交给我们原始测序峰图数据。对于直接测序得到的结果，与测序原始峰图仔细核对校正，一般说来，序列质量均能保证准确无误。然后将双向测序结果运用Sequencher 4.14软件进行拼接，看是否已获得目的片段的全长序列。对于克隆测序得到的结果，则必须在GenBank中进行BLAST相似性搜索，看所测得的序列是否与预期目的序列数据相匹配，以防止克隆测序误测成质粒序列，干扰序列的最终组装。所有序列片段测得以后，根据序列之间存在的多处重复区域进行拼接与组装，最终组装成完整的全序列，并可以保存为ab或seq格式，由于两端序列有重复序列，需删除两端重复序列，以便用于后续线粒体基因组全序列的注释工作。

（2）基因定位及注释　通过拼接软件Sequencher 4.14程序利用序列间的重叠区对测序输出的ab文件进行拼接，完成拼接后的线粒体全序列以Fasta格式输出，用于后续基因注释。3种裂腹鱼的基因定位参考青海湖裸鲤的线粒体全基因组注释结果进行，以近缘物种第一个$tRNA^{Phe}$基因起点作为线粒体基因组的第一个碱基，对组装好的序列进行链转换及调零，然后通过Geneious 4.8.3软件比对以及在线Blast搜索分析相结合来确定编码蛋白基因、tRNA基因、rRNA基因、D-Loop区的位置。注释好的全序列通过在线 tRNAscan-SE1.21（http：//lowelab.ucsc.Edu/tRNAscan-SE）对 tRNA 的相对位置、长度、反密码子和二级结构等进行预测；少数无法通过 tRNAscan-SE 的 tRNA 基因、蛋白质编码基因和 rRNA 基因，则使用 Geneious 4.8.3 软件中的 Alignment 程序，将待分析序列与参照序列进行全序列比对，确定各基因相对位置、序列长度、起始和终止密码子并在相应的位置注释。通过与其它鲤科鱼共有保守区进行 Alignment，确定本实验的 3 个种的 D-Loop 保守区。线粒体基因组环形图也是通过 Geneious 4.8.3 绘制。

（3）序列分析　应用 DNAstar 软件包中的 Editseq 及 MEGA5.0 软件进行序列的总长、碱基含量分析，应用 Codon W 在线程序对密码子使用等统计。应用重复序列在线查找软件 Tandem Repeats Finder（http：//tandem.bu.edu/trf/trf.html），对线粒体基因组的 AT 富含区进行重复序列的初步分析，对于查找到的重复序列再进行人工细化分析。

第二节　结果与分析

一、线粒体全基因组的结构特征

1. 基因结构和基因顺序

本研究测定了拉萨裸裂尻鱼（*S. younghusbandi*）、异齿裂腹鱼（*S. oconnori*）和拉萨裂腹鱼（*S. waltoni*）的线粒体全基因组。3 种裂腹鱼的结构和长度与其它鲤科鱼相似，均含有 13 个蛋白质编码基因（PCG）、2 个 rRNA 基因、22 个 tRNA 基因及 1 个 D-Loop 区；线粒体基因组全长分别为 16 593bp、16 567bp、16 589bp；基因的排列和转录方向也与其它鲤科鱼一致。3 种裂腹鱼的基因排列和转录方向等具体信息见环形结构图（彩图 1、彩图 2和彩图 3）。3 种裂腹鱼线粒体基因组成的详细信息参见表 2-3。

表 2-3　3 种裂腹鱼线粒体基因组成

基因	位置			核苷酸大小（bp）			密码子		
	So	Sw	Sy	So	Sw	Sy	氨基酸	起始密码子	终止密码子
tRNA-Phe	1～69	1～69	1～69	69					
srRNA	70～1 025	70～1 025	70～1 025	956					
tRNA-Val	1 026～1 085	1 026～1 097	1 030～1 101	60	72	72			
lrRNA	1 081～2 752	1 098～2 773	1 102～2 783	1 672	1 676	1 682			
tRNA-Leu	2 753～2 828	2 774～2 849	2 784～2 859	76					
ND1	2 830～3 804	2 851～3 825	2 861～3 835	975			325	ATG	TAA/TAA/TAG
tRNA-Ile	3 809～3 880	3 830～3 901	3 839～3 910	72					
tRNA-Gln	3 879～3 949	3 900～3 970	3 909～3 979	71					
tRNA-Met	3 952～4 020	3 973～4 041	3 982～4 050	69					
ND2	4 021～5 065	4 042～5 086	4 051～5 097	1 045	1 045	1 047	348/348/349	ATG	T/T/TAG
tRNA-Trp	5 066～5 136	5 087～5 157	5 096～5 166	71					
tRNA-Ala	5 139～5 207	5 160～5 229	5 167～5 236	69					
tRNA-Asn	5 209～5 281	5 230～5 302	5 238～5 310	73					
tRNA-Cys	5 315～5 381	5 336～5 402	5 344～5 409	67	67	66			
tRNA-Tyr	5 382～5 451	5 402～5 472	5 409～5 479	70	70	71			

（续）

基因	位置			核苷酸大小（bp）			密码子		
	So	Sw	Sy	So	Sw	Sy	氨基酸	起始密码子	终止密码子
COX1	5 452～7 003	5 474～7 024	5 481～7 031	1 551			517	GTG	TAA
tRNA-Ser	7 004～7 074	7 025～7 095	7 032～7 101	71	71	70			
tRNA-Asp	7 078～7 149	7 099～7 170	7 105～7 176	72					
COX2	7 163～7 853	7 184～7 874	7 163～7 853	691	691	695	230/230/231	ATG	T
tRNA-Lys	7 854～7 928	7 875～7 950	7 881～7 956	75	76	76			
ATP8	7 930～8 094	7 952～8 116	7 958～8 122	165			55	ATG	TAG
ATP6	8 088～8 770	8 110～8 792	8 116～8 799	683	683	684	227/227/228	ATG	TA/TA/TAA
COX3	8 771～9 556	8 793～9 578	8 799～9 582	786	786	785	262/262/261	ATG	TAA/TAA/TA
tRNA-Gly	9 556～9 627	9 578～9 649	9 583～9 654	72	72	72			
ND3	9 628～9 978	9 650～10 000	9 655～10 005	351			117	ATG	TAG
tRNA-Arg	9 977～10 046	9 999～10 068	10 004～10 073	70					
ND4L	10 047～10 343	10 069～10 365	10 074～10 370	297			99	ATG	TAA
ND4	10 337～11 717	10 359～11 739	10 364～11 750	1 381	1 381	1 387	460/460/462	ATG	T
tRNA-His	11 718～11 786	11 739～11 807	11 745～11 815	69					
tRNA-Ser	11 787～11 854	11 808～11 875	11 815～11 882	68					

（续）

基因	位置			核苷酸大小（bp）			密码子		
	So	Sw	Sy	So	Sw	Sy	氨基酸	起始密码子	终止密码子
tRNA-Leu	11 856～11 928	11 877～11 949	11 884～11 956	73					
ND5	11 932～13 753	11 953～13 744	11 960～13 783	1 822	1 822	1 824	607/607/608	ATG	T/T/TAA
ND6	13 752～14 273	13 773～14 294	13 780～14 301	522			174	ATG	TAA
tRNA-Glu	14 274～14 342	14 295～14 363	14 303～14 370	69	69	68			
CYTB	14 347～15 487	14 368～15 507	14 375～15 509	1 141	1 140	1 135	380/380/378	ATG	T
tRNA-Thr	15 489～15 567	15 509～15 576	15 512～15 587	68	68	76			
tRNA-Pro	15 562～15 630	15 580～15 649	15 588～15 657	69	70	70			
D-Loop	15 633～16567	15 654～16 588	15 661～16 593	935	935	933			

注：Sy 为拉萨裸裂尻鱼 *S. younghusbandi*；So 为异齿裂腹鱼 *S. oconnori*；Sw 为拉萨裂腹鱼 *S. waltoni* 。

2. 基因间间隔与重叠

拉萨裸裂尻鱼（*S. younghusbandi*）基因间重叠区域较多，共有 11 处（*tRNA-Ile* 和 *tRNA-Gln*；*ND2* 和 *tRNA-Trp*；*tRNA-Cys* 和 *tRNA-Tyr*；*tRNA-Asp* 和 *COX2*；*ATP8* 和 *ATP6*；*ATP6* 和 *COX3*；*ND3* 和 *tRNA-Arg*；*ND4L* 和 *ND4*；*ND4* 和 *tRNA-His*；*tRNA-His* 和 *tRNA-Ser*；*ND5* 和 *ND6*）。这 11 处重叠区域长度从 1～6bp 不等，基因重叠总长度 23bp。动物线粒体基因组虽然无内含子，但除 *D-Loop* 区外的部分仍然存在多处基因间间隔序列。拉萨裸裂尻鱼基因间间隔存在 14 处共 100bp，其长度从 1～34bp 不等，间隔最大的在 *tRNA-Asn* 和 *tRNA-Cys* 之间。其中，既没有重叠又没有间隔的紧密排列基因对共计 13 处。异齿裂腹鱼（*S. oconnori*）和拉萨裂腹鱼（*S. waltoni*）基因间重叠区域分别为 7 和 8 处，其中共有重叠区域为 *tRNA-Ile* 和 *tRNA-Gln*；*ATP8* 和 *ATP6*；*COX3* 和 *tRNA-Gly*；*ND3* 和 *tRNA-Arg*；*ND4L* 和 *ND4*；异齿裂腹鱼独有的重叠区域为 *ND5* 和 *ND6*；*tRNA-Thr* 和 *tRNA-Pro*。拉萨裂腹鱼独有的重叠区域为 *tRNA-Cys* 和 *tRNA-Tyr*；*tRNA-Gly* 和 *ND3*；*ND4* 和 *tRNA-His*。2 个裂腹鱼的基因间间隔分别为 13 和 15 处，其长度从 1～34bp 不等，基因间间隔最大的在 *tRNA-Asn* 和 *tRNA-Cys* 之间。其中，既没有重叠又没有间隔的紧密排列基因对分别为 17 和 15 处。

3. 碱基组成情况

利用 MEGA5.0 软件统计拉萨裸裂尻鱼（*S. younghusbandi*）、异齿裂腹鱼（*S. oconnori*）和拉萨裂腹鱼（*S. waltoni*）的线粒体基因组的碱基组成。3 种裂腹鱼的线粒体基因组序列存在很高的 A＋T 碱基含量偏向性，其中，D-Loop 区的 A＋T 含量最高，且高于线粒体基因组序列 A＋T 的含量，符合鱼类 mtDNA 的 D-Loop 区的 A/T 富含区碱基组成偏好性的特征。具体组成情况见表 2-4。

表 2-4　3种裂腹鱼线粒体全基因组的碱基组成

物种	碱基组成	T（%）	C（%）	A（%）	G（%）	AT（%）
Sy	PCG	26.5	27.5	29.5	16.5	56.0
	tRNA	23.5	22.4	31.6	22.5	55.1
	rRNA	20.5	24.1	33.1	22.3	53.6
	D-Loop	32.0	21.8	31.3	14.9	63.3
	Overall	27.3	26.0	28.6	18.1	55.9
So	PCG	26.2	28.5	28.6	16.7	54.8
	tRNA	27.4	20.9	28.3	23.5	55.7
	rRNA	19.9	24.6	34.2	21.4	54.0
	D-Loop	33.8	19.1	33.6	13.5	67.4
	Overall	25.6	26.9	29.9	17.7	55.4
Sw	PCG	26.1	28.6	28.7	16.7	54.8
	tRNA	27.2	21.1	28.1	23.6	55.4
	rRNA	19.7	24.7	34.2	21.4	53.9
	D-Loop	33.9	19.4	33.4	13.4	67.3
	Overall	25.4	27.1	29.9	17.6	55.3

注：Sy为拉萨裸裂尻鱼 *S. younghusbandi*；So为异齿裂腹鱼 *S. oconnori*；Sw为拉萨裂腹鱼 *S. waltoni*。

二、蛋白质编码基因

拉萨裸裂尻鱼（*S. younghusbandi*）、异齿裂腹鱼（*S. oconnori*）和拉萨裂腹鱼（*S. waltoni*）的线粒体全基因组均含13种蛋白质编码基因（PCG）：细胞色素b（*CYTB*）、2个ATP酶的亚单位（*ATP6*、*ATP8*）、3个细胞色素c氧化酶的亚单位（*COX1*、*COX2*、*COX3*）及7个NADH还原酶复合体的亚单位（*ND1*～*4*、*ND4L*、*ND5*、*ND6*）编码基因（表2-3）。这13个蛋白质编码基因有12个是由H链编码，只有*ND6*一个基因由L链编码。

1. 蛋白质编码基因的起始密码子和终止密码子

拉萨裸裂尻鱼（*S. younghusbandi*）的13个蛋白质编码基因的起始密码子与终止密码子在表2-3中均已列出。其中每个基因的起始密码子均为ATG，只有*COX1*的起始密码子为GTG；各个蛋白编码基因的终止密码子各不相同，其中，*ND1*、*ND2*、*ND3*、*ATP8*的终止密码子都是TAG，*COX1*、*ATP6*、*ND4L*、*ND5*、*ND6*的终止密码子均为TAA，*COX3*的终止密码子是TA，*ND4*、*COX2*、*CYTB*的终止密码子都是T。异齿裂腹鱼（*S. oconnori*）的13个蛋白质编码基因的起始密码子与终止密码子在表2-3中均已列出。其中每个基因的起始密码子均为ATG，只有*COX1*的起始密码子为GTG；各个蛋白编码基因的终止密码子各不相同，其中，只有*ATP8*和*ND3*的终止密码子是TAG，而*ND1*、*COX1*、*COX3*、*ND4L*、*ND6*的终止密码子都是TAA，*ATP6*的终止密码子是TA，*COX2*、*ND2*、*ND4*、*ND5*、*CYTB*的终止密码子都是T。拉萨裂腹鱼（*S. waltoni*）的13个蛋白质编码基因的起始密码子与终止密码子在表2-3中均已列出。其中每个基因的起始密码子均为ATG，只有COX1的起始密码子为GTG；各个蛋白编码基因的终止密码子各不相同，其中，只有*ATP8*和*ND3*的终止密码子是TAG，而*ND1*、*COX1*、*COX3*、*ND4L*、*ND6*的终止密码子都是TAA，*ATP6*的终止密码子是TA，*COX2*、*ND2*、*ND4*、*ND5*、*CYTB*的终止密码子都是T。异齿裂腹鱼和拉萨裂腹鱼属于同一个属，它们的各蛋白编码基因起始密码子和终止密码子是完全一致的。

2. 蛋白质基因的碱基组成偏向性

拉萨裸裂尻鱼（*S. younghusbandi*）、异齿裂腹鱼（*S. oconnori*）和拉萨裂腹鱼（*S. waltoni*）3种裂腹鱼的线粒体全基因组13个蛋白质编码基因的碱基组成分析结果见表2-5。在密码子的1^{st}、2nd、3^{rd}位，A+T含量都远高于G+C含量，具有明显的A/T碱基偏向性，这一点与鱼类线粒体基因组具有A/T偏向性的特征是一致的（Wang et al.，2008；Wu et al.，2010；Wang et al.，2011)；蛋白质编码基因序列 A+T 含量从第 1 位到第 3 位密码子逐渐增加，其中拉萨裸裂尻鱼变化的范围最大，且 3 种裂腹鱼都是第 3 位密码子处 A+T 含量最高。本实验中，3 种裂腹鱼蛋白质编码基因中密码子不同位置的碱基含量详细信息参见表 2-5。

表 2-5　蛋白质编码基因中密码子不同位置的碱基含量

物种	密码子位置	T（%）	C（%）	A（%）	G（%）	AT（%）
Sy	1st	18.5	25.2	32.1	24.2	50.6
	2nd	33.8	30.0	28.8	13.4	62.6
	3rd	27.3	27.3	33.6	11.8	60.9
So	1st	23.9	27.1	29.6	19.5	53.5
	2nd	30.3	28.5	24.1	17.2	54.4
	3rd	24.5	29.9	32.0	13.6	56.5
Sw	1st	23.8	27.2	29.6	19.5	53.4
	2nd	30.2	28.5	24.2	17.1	54.4
	3rd	24.2	30.2	32.1	13.4	56.3

注：Sy 为拉萨裸裂尻鱼 *S. younghusbandi*；So 为异齿裂腹鱼 *S. oconnori*；Sw 为拉萨裂腹鱼 *S. waltoni*。

3. 蛋白质编码基因的氨基酸组成分析

用 MEGA5.0 统计拉萨裸裂尻鱼（*S. younghusbandi*）、异齿裂腹鱼（*S. oconnori*）和拉萨裂腹鱼（*S. waltoni*）3 种裂腹鱼的蛋白质编码基因的氨基酸组成，详细含量如表 2-6 所示。

表 2-6　3 种裂腹鱼的蛋白质编码基因的氨基酸组成

物种	Ala（%）	Cys（%）	Asp（%）	Glu（%）	Phe（%）	Gly（%）	His（%）
Sy	9.119 66	0.685 29	1.976 80	2.714 81	6.088 56	6.589 35	2.714 81
So	8.987 87	0.658 93	2.003 16	2.714 81	6.009 48	6.536 63	2.741 17
Sw	8.908 80	0.658 93	2.029 52	2.741 17	5.983 13	6.510 27	2.741 17
物种	Met（%）	Asn（%）	Pro（%）	Gln（%）	Arg（%）	Ser（%）	Thr（%）
Sy	4.559 83	2.978 38	5.535 05	2.583 02	1.976 80	6.378 49	7.828 15

（续）

物种	Met（%）	Asn（%）	Pro（%）	Gln（%）	Arg（%）	Ser（%）	Thr（%）
So	4.507 11	3.136 53	5.614 12	2.662 09	2.003 16	6.273 06	7.907 22
Sw	4.533 47	3.110 17	5.614 12	2.662 09	2.003 16	6.325 77	7.854 50
物种	Ile（%）	Lys（%）	Leu（%）	Val（%）	Trp（%）	Tyr（%）	
Sy	7.116 50	2.029 52	16.288 8	6.773 85	3.110 17	2.952 03	
So	7.301 00	2.003 16	16.499 7	6.299 42	3.162 88	2.978 38	
Sw	7.406 431	2.029 52	16.473 3	6.273 06	3.162 88	2.978 38	

注：Sy 为拉萨裸裂尻鱼 *S. younghusbandi*；So 为异齿裂腹鱼 *S. oconnori*；Sw 为拉萨裂腹鱼 *S. waltoni*。

结果表明，Ala、Phe、Gly、Pro、Ser、Thr、Ile、Leu、Val 含量较高，其中萨裸裂尻鱼、异齿裂腹鱼和拉萨裂腹鱼 3 种裂腹鱼的 Leu（16.288 88%、16.499 74%、16.473 38%）、Ala（9.119 663%、8.987 876%、8.908 803%）、Thr（7.828 15%、7.907 222%、7.854 507%）、Ile（7.116 5%、7.301 002%、7.406 431%）最高，这 4 种氨基酸占比分别为 40.353 19%、40.695 84%、40.643 12%；相对于 3 种裂腹鱼，这 4 种氨基酸总含量在草鱼（*Ctenopharyngodon idellus*）中占到 40.94%，高身鲫鱼（*Carassius cuvieri*）中占到 40.96%，鲤鱼（*Cyprinus carpio*）中占到 41.07%，青鱼（*Mylopharyngodon piceus*）中这些氨基酸的含量则达到 40.78%，都比较接近，说明科内差异较小；3 个种中均为 Leu 最高，分别为 16.288 88%，16.499 74%，16.473 38%，在几种含量最多的氨基酸中，Leu 含量最多，而它属于疏水氨基酸，推测这和线粒体基因组编码的大部分蛋白质是跨膜蛋白有关；在 3 种裂腹鱼中均为 Cys 的含量最低。

三、tRNA 基因

利用动物 tRNA 通用结构的特征，参考 tRNAScan－SE 软件预测结果，再将拉萨裸裂尻鱼（*S. younghusbandi*）、异齿裂腹鱼

（*S. oconnori*）和拉萨裂腹鱼（*S. waltoni*）3 种裂腹鱼与其它鲤形目鱼类序列比对，在这 3 个物种的线粒体全基因组中分别找到了 22 个 tRNA 基因序列。然后根据 tRNA 基因的碱基配对原则和 tRNA 的通用二级结构，参考 tRNAScan-SE 软件预测结果，并采用人工辅助校正的方法，预测出拉萨裸裂尻鱼、异齿裂腹鱼和拉萨裂腹鱼 3 种裂腹鱼各自 22 个 tRNA 基因的二级结构。具体结构分别见图 2－1、图 2－2 和图 2－3。

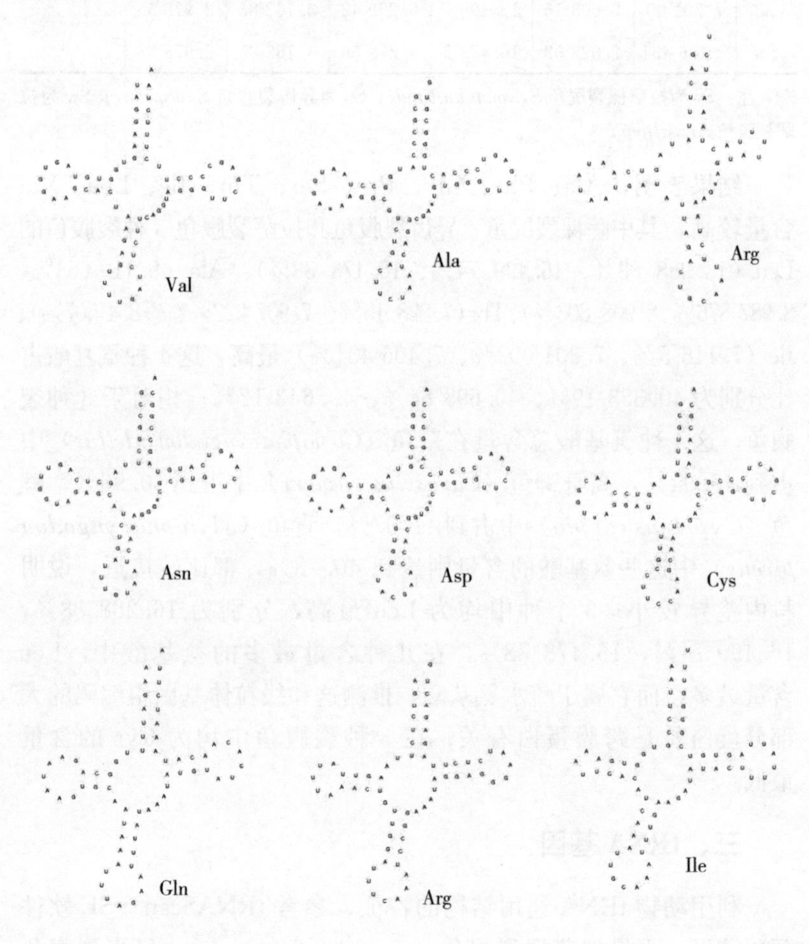

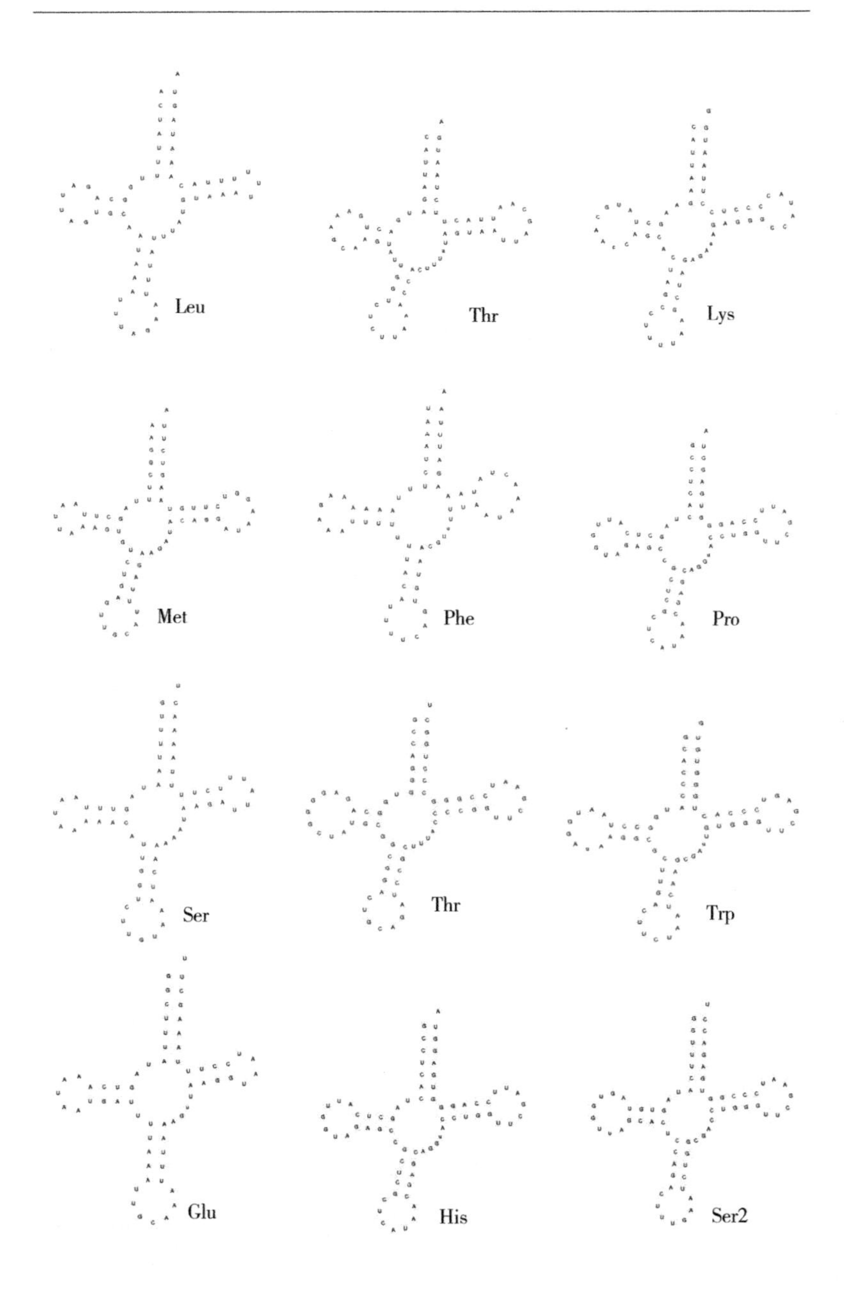
Leu
Thr
Lys
Met
Phe
Pro
Ser
Thr
Trp
Glu
His
Ser2

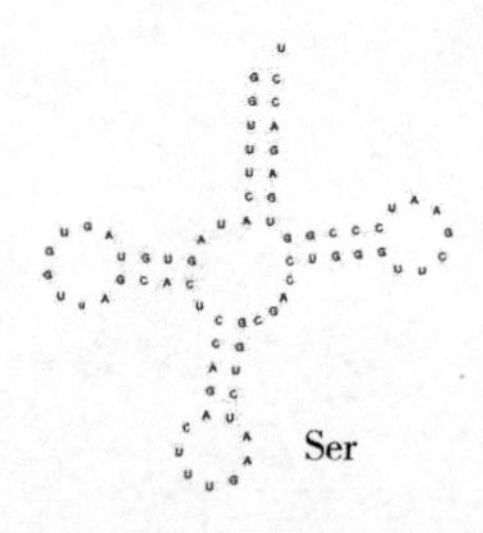

图 2-1　拉萨裸裂尻鱼（*S. younghusbandi*）22 种 tRNAs 基因的二级结构

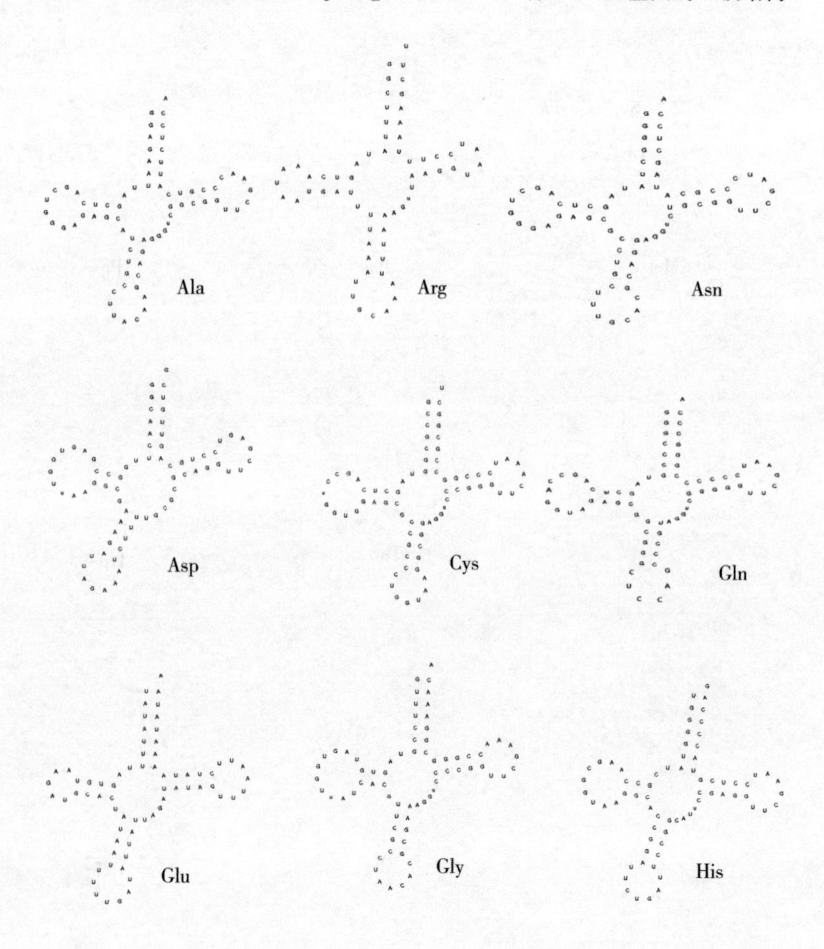

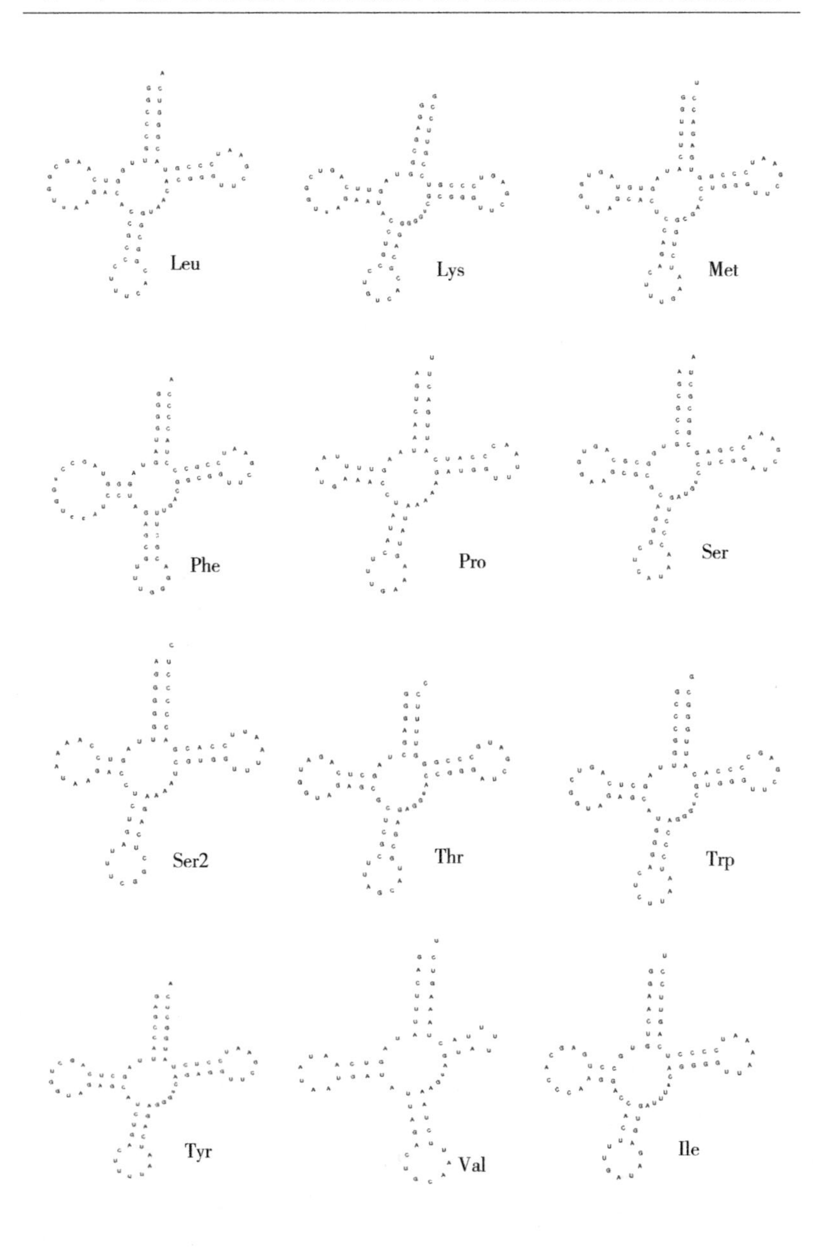
Leu
Lys
Met
Phe
Pro
Ser
Ser2
Thr
Trp
Tyr
Val
Ile

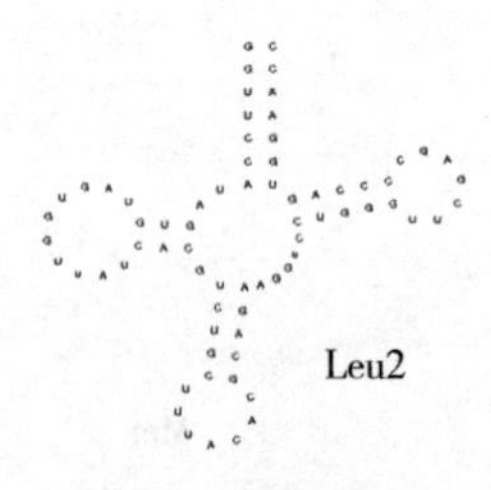

图 2-2 异齿裂腹鱼（*S. oconnori*）22 种 tRNAs 基因的二级结构

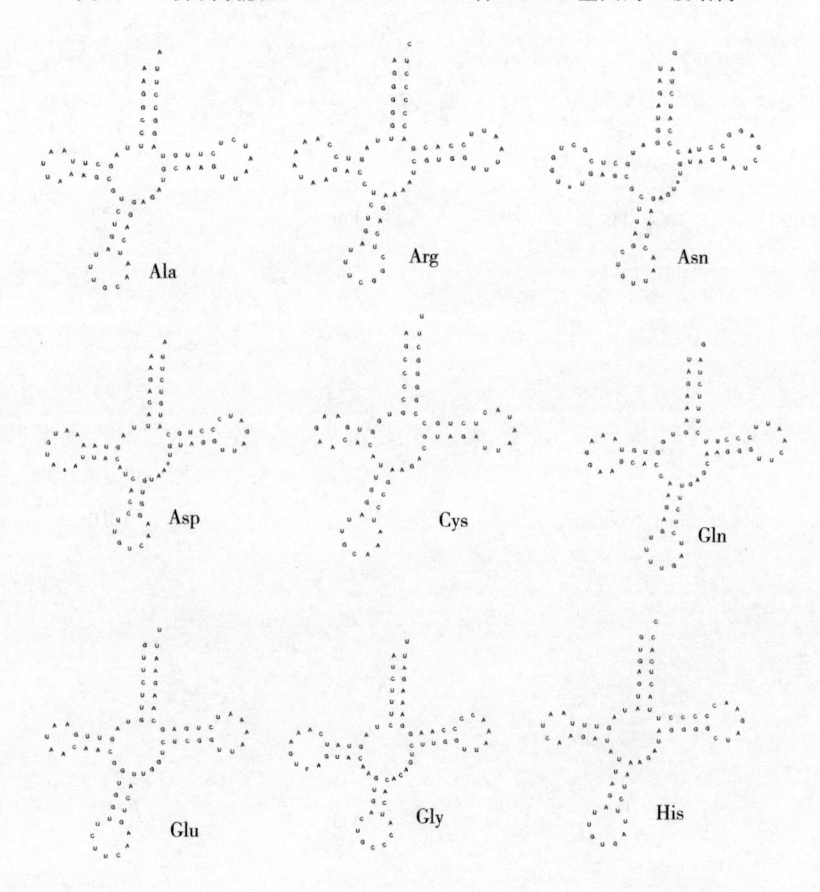

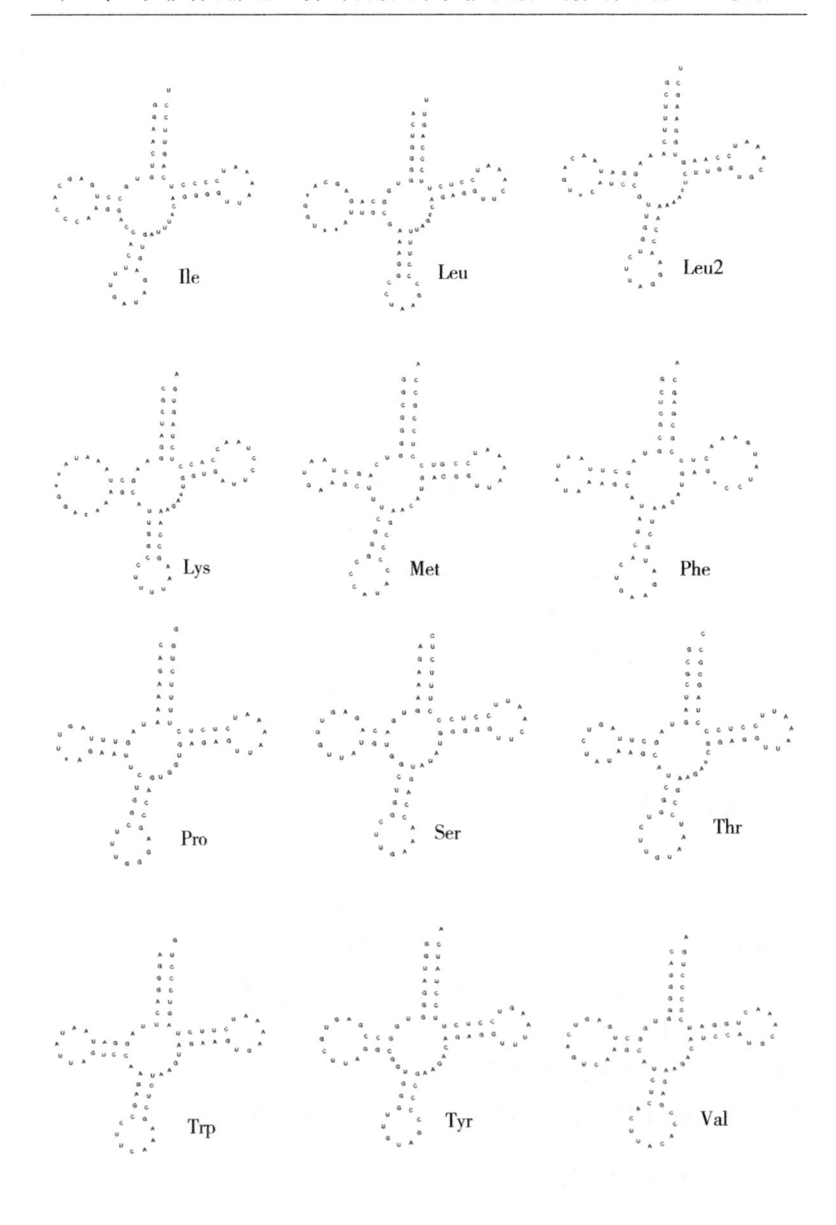
Ile
Leu
Leu2
Lys
Met
Phe
Pro
Ser
Thr
Trp
Tyr
Val

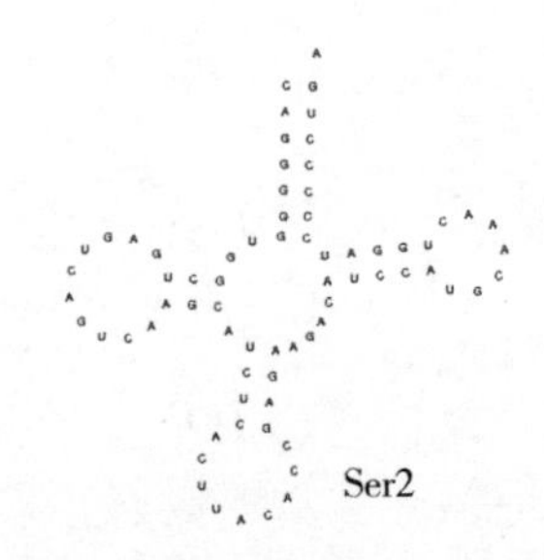

图 2-3　拉萨裂腹鱼（*S. waltoni*）22 种 tRNAs 基因的二级结构

拉萨裸裂尻鱼、异齿裂腹鱼和拉萨裂腹鱼线粒体基因组包含 22 个 tRNA 基因，其中 14 个由 H 链编码，8 个位于 L 链，tRNA 基因大小在 60～72bp。其反密码子都与其它鲤形目鱼相同，且所有物种各有 20 个 tRNA 反密码子为 GNN 或 TNN，即摆动位点多为 T 或 G，这与线粒体基因密码子使用规律及线粒体基因简约性的特点相符。3 种裂腹鱼线粒体基因组 tRNA 中 G-U 错配最常见，共 12 处。tRNA 二级结构中的错配现象可以在 RNA 编辑中校正，因而并不会影响 tRNA 基因的转运功能（Yokobori & Paabo, 1995）。

四、rRNA 基因

拉萨裸裂尻鱼（*S. younghusbandi*）、异齿裂腹鱼（*S. oconnori*）和拉萨裂腹鱼（*S. waltoni*）线粒体基因组的两个 rRNA 基因（*srRNA* 和 *lrRNA*）分别位于 *tRNA-Phe* 和 *tRNA-Val*、*tRNA-Val* 和 *tRNA-Leu* 之间。其中，*srRNA* 基因的长度均为 956bp，而 *lrRNA* 基因的长度分别为 1 672bp、1 676bp、1 682bp，两基因的结构比较保守。rRNA 基因中 A+T 含量均稍低于整个基因组的平均 A+T 含量，具体含量见表 2-4。

五、D-Loop 区

拉萨裸裂尻鱼（*S. younghusbandi*）、异齿裂腹鱼（*S. oconnori*）和拉萨裂腹鱼（*S. waltoni*）线粒体基因组的 D-

Loop 区长度分别为 933bp、935bp 和 935bp，位置介于 $tRNA^{Pro}$ 与 $tRNA^{Phe}$ 之间，A+T 含量分别为 63.3%、67.4%、67.3%，A+T 含量远高于蛋白质编码基因，并且 A+T 含量高于 C+G 的含量，这与其它哺乳动物 A+T 的含量高，G+C 的含量低的特点相似。通过与鲤形目鱼类控制区序列进行比较分析，3 种裂腹鱼的终止序列区、中央保守区和保守序列区的相关信息如表 2-7。

表 2-7 3 种裂腹鱼 D-Loop 区的结构特征

序列信息	Sy	So	Sw
TAS	TACATGTATGTATTAT CACCAACTTATTATTT TAACCACA	TACATATATGTATTAT CACCATTCTATTACT TTAACCATAA	TACATATATGTATTAT CACCATTTTATTACTT TAACCATA
CSB-F	ATATTAATGTAGTAAG AAACCACCAA	ATATTAATGTAGTAAG AGACCACCAA	ATATTAATGTAGTAAG AGACCACCAA
CSB-E	AGGGACACAGGGCG TGGGGGT	GGACAATAACTGTGG GGGT	AGGGACAATAACTG TGGGGGT
CSB-D	TATTACTGGCATCTG GTTCCTATTTCAGG	TATTACTGGCATCTG GTTCCTATTTCAGG	TATTACTGGCATCTG GTTCCTATTTCAGG
CSB-1	TTCATCATCGTAAGA CATA	TTAATTATTGTAAGA CATA	TTAATTATTGTAAGA CATA
CSB-2	CAAACCCCCCTACCCCCC	CAAACCCCCCTACCCCCC	CAAACCCCCCTACCCCCC
CSB-3	TGTCAAACCCCTAA AGCAA	TGTCAAACCCCTAA ACCAA	TGTCAAACCCCTAA ACCAA

注：Sy 为拉萨裸裂尻鱼 *S. younghusbandi*；So 为异齿裂腹鱼 *S. oconnori*；Sw 为拉萨裂腹鱼 *S. waltoni*。

六、密码子使用分析

分别将 3 种裂腹鱼线粒体蛋白质编码基因序列作为一个整体，用 Codon W 软件计算位于密码子中第 3 位和 3 个位置平均的碱基 GC 含量、密码子适应度、最优密码子使用频率、密码子偏爱指数、有效密码子数等参数。拉萨裸裂尻鱼（*S. younghusbandi*）、异齿裂腹鱼（*S. oconnori*）和拉萨裂腹鱼（*S. waltoni*）的相关参数依次见表2-8、表2-9和表2-10。从密码子不同位置的碱基组成来看，以A或T碱基结尾的密码子在3种裂腹鱼线粒体基因中的使用频率高于以G或C碱基结尾的密码子。其中，第3位和3个位置平均的碱基GC含量都比较低，由此可见，3个物种中各基因整体GC含量低，无明显区别；但是，每个物种的具体情况不同，拉萨裸裂尻鱼中的密码子中第3位和3个位置平均的碱基GC含量略低于另两个种。拉萨裸裂尻鱼线粒体各编码蛋白基因的密码子适应度指数从0.112到0.224，异齿裂腹鱼和拉萨裂腹鱼线粒体各编码蛋白基因的密码子适应度指数分别从0.125和0.12到0.276。其中，拉萨裸裂尻鱼和拉萨裂腹鱼的*ATP8*基因的密码子适应度指数最大，分别为0.224和0.276；而异齿裂腹鱼是*COX1*最大，为0.276，表明*ATP8*和*COX1*在13个蛋白编码基因中表达水平相对较高。拉萨裸裂尻鱼、异齿裂腹鱼和拉萨裂腹鱼的有效密码子数目（ENC）在3个种的裂腹鱼中*ND2*基因均最高，分别为57.9、52.58和52.01，特别是在拉萨裸裂尻鱼的*ND2*基因中，每个同义密码子的使用频率几乎是随机的。总之，3种裂腹鱼中最优密码子的使用频率无明显区别，而*ATP*基因和*ND6*基因的蛋白亲水性指数均大于1，较其它基因要高。

表2-8　拉萨裸裂尻鱼线粒体蛋白质编码基因的密码子相关参数

基因	CAI	CBI	Fop	Nc	GC3s	GC	Gravy
ATP6	0.112	−0.196	0.233	42.5	0.265	0.398	1.319 731
ATP8	0.224	0.126	0.458	38.34	0.375	0.395	0.261 225
COX1	0.173	−0.071	0.356	50.29	0.352	0.435	0.885 429
COX2	0.185	−0.016	0.386	53.18	0.363	0.423	0.437 168
COX3	0.174	−0.082	0.362	52.11	0.39	0.458	0.633 068
CYTB	0.182	−0.049	0.359	48.12	0.39	0.435	0.882 609
ND1	0.132	−0.119	0.31	47.87	0.423	0.469	0.847 319
ND2	0.159	−0.075	0.345	57.9	0.436	0.484	0.875 953

（续）

基因	CAI	CBI	Fop	Nc	GC3s	GC	Gravy
ND3	0.167	−0.012	0.367	43.93	0.376	0.442	0.961 062
ND4	0.129	−0.154	0.287	50.16	0.359	0.437	0.920 759
ND4L	0.148	−0.026	0.379	51.51	0.368	0.471	1.024 742
ND5	0.16	−0.065	0.36	50.32	0.407	0.429	0.806 522
ND6	0.168	−0.004	0.373	50.65	0.343	0.476	1.333 918

注：Sy 为拉萨裸裂尻鱼 *S. younghusbandi*。

表 2-9　异齿裂腹鱼线粒体蛋白质编码基因的密码子相关参数

基因	CAI	CBI	Fop	Nc	GC3s	GC	Gravy
ATP6	0.198	0.048	0.421	41.94	0.435	0.448	0.838 753
ATP8	0.124	−0.143	0.273	40.19	0.352	0.432	1.187 444
COX1	0.276	0.074	0.438	32.83	0.313	0.381	0.118 367
COX2	0.161	−0.072	0.356	44.3	0.382	0.445	0.877 6
COX3	0.189	0.013	0.403	43.34	0.317	0.419	0.444
CYTB	0.173	−0.072	0.368	44.81	0.425	0.469	0.648 996
ND1	0.143	−0.089	0.323	43.75	0.486	0.497	0.874 062
ND2	0.153	−0.025	0.375	52.58	0.444	0.486	0.842 647
ND3	0.132	−0.031	0.355	36.51	0.391	0.438	0.954 955
ND4	0.125	−0.077	0.332	44.65	0.432	0.46	0.929 596
ND4L	0.147	0	0.396	50.81	0.396	0.471	1.056 701
ND5	0.151	−0.052	0.367	46.11	0.452	0.444	0.766 164
ND6	0.194	0.089	0.433	49.99	0.36	0.48	1.351 462

注：So 为异齿裂腹鱼 *S. oconnori*。

表 2-10　拉萨裂腹鱼线粒体蛋白质编码基因的密码子相关参数

基因	CAI	CBI	Fop	Nc	GC3s	GC	Gravy
ATP6	0.12	−0.159	0.263	40.71	0.332	0.425	1.200 448

（续）

基因	CAI	CBI	Fop	Nc	GC3s	GC	Gravy
ATP8	0.276	0.074	0.438	32.83	0.313	0.381	0.118 367
COX1	0.16	−0.068	0.359	44.57	0.389	0.448	0.873 8
COX2	0.191	0.005	0.398	45.08	0.326	0.419	0.445 333
COX3	0.177	−0.058	0.377	47.32	0.445	0.473	0.626 506
CYTB	0.198	0.06	0.428	45.3	0.458	0.458	0.825
ND1	0.137	−0.102	0.315	45.73	0.463	0.493	0.865 625
ND2	0.148	−0.042	0.363	52.01	0.447	0.484	0.871 976
ND3	0.136	−0.055	0.339	35.59	0.376	0.435	0.927 027
ND4	0.128	−0.068	0.337	43.61	0.43	0.461	0.927 865
ND4L	0.144	0	0.396	46.61	0.406	0.474	1.056 701
ND5	0.15	−0.043	0.372	44.92	0.459	0.448	0.763 651
ND6	0.205	0.101	0.439	46.95	0.329	0.47	1.365 497

注：Sw 为拉萨裂腹鱼 *S. waltoni*。

表 2-11 显示了 3 种裂腹鱼线粒体基因各密码子的使用频次和相对使用度。每个裂腹鱼中大约有 30 个密码子的 RSCU 值大于 1，表明这些密码子是线粒体基因偏爱的密码子。在以上密码子中，密码子大都均以 A 或 T 碱基结尾，以 C 碱基结尾的密码子出现的次数少，多数 RSCU 值小于 1，而以 G 碱基结尾的密码子出现次数最少且 RSCU 值全部小于 1，是裂腹鱼线粒体基因少量使用或避免使用的密码子。3 种裂腹鱼线粒体基因在终止密码子的使用上偏好 TAA 或 T。

表 2-11 3 种裂腹鱼蛋白质编码基因密码子的 RSCU

氨基酸	密码子	RSCU 数值					
		Sy		So		Sw	
F	UUU	9.4	**1.06**	7.6	0.87	7.6	0.87
	UUC	8.4	0.94	9.9	**1.13**	9.8	**1.13**

（续）

氨基酸	密码子	RSCU 数值					
		Sy		So		Sw	
L	UUA	8.4	**1.06**	7.9	0.99	7.6	0.95
	UUG	3.2	0.41	1.5	0.19	1.2	0.15
	CUU	10.3	**1.3**	7.1	0.88	7	0.87
	CUC	7	0.88	7.2	0.89	7.2	0.9
	CUA	14.2	**1.8**	17.4	**2.17**	17.8	**2.23**
	CUG	4.4	0.55	7.1	0.88	7.2	0.89
I	AUU	14.7	**1.41**	12.3	**1.16**	12.1	**1.12**
	AUC	6.1	0.59	9	0.84	9.5	0.88
M	AUA	7.8	**1.18**	7.8	**1.19**	7.8	**1.19**
	AUG	5.5	0.82	5.3	0.81	5.4	0.81
V	GUU	6.2	**1.25**	4.7	**1.02**	4.5	0.97
	GUC	2.7	0.54	3.1	0.67	3.1	0.67
	GUA	8.2	**1.65**	7.4	**1.61**	7.4	**1.61**
	GUG	2.8	0.56	3.2	0.7	3.4	0.74
Y	UAU	5.3	**1.23**	4.2	0.96	4.5	**1.04**
	UAC	3.3	0.77	4.5	**1.04**	4.2	0.96
H	CAU	3.8	0.97	2.2	0.56	2.1	0.52
	CAC	4.1	**1.03**	5.8	**1.44**	5.9	**1.48**
Q	CAA	6.1	**1.61**	6.9	**1.78**	6.9	**1.78**
	CAG	1.5	0.39	0.8	0.22	0.8	0.22
N	AAU	3.8	0.88	3.7	0.81	3.5	0.78
	AAC	4.8	**1.12**	5.5	**1.19**	5.5	**1.22**
K	AAA	4.2	**1.4**	5	**1.71**	4.9	**1.66**
	AAG	1.8	0.6	0.8	0.29	1	0.34
D	GAU	2.2	0.75	1.3	0.45	1.3	0.44
	GAC	3.6	**1.25**	4.5	**1.55**	4.6	**1.56**
E	GAA	6.2	**1.55**	6.2	**1.55**	6.3	**1.58**
	GAG	1.8	0.45	1.8	0.45	1.7	0.42
S	UCU	3.3	**1.07**	3.1	**1.01**	3.3	**1.07**
	UCC	3.9	**1.26**	4.3	**1.41**	4.4	**1.43**
	UCA	5.5	**1.79**	6.1	**1.99**	5.8	**1.9**
	UCG	1.6	0.52	0.9	0.3	1	0.33
P	CCU	3.5	0.88	2.1	0.51	1.8	0.45
	CCC	4.4	**1.09**	4.8	**1.18**	5.1	**1.24**
	CCA	7.2	**1.77**	8.2	**1.99**	8.4	**2.05**
	CCG	1.1	0.27	1.3	0.32	1.1	0.26

（续）

氨基酸	密码子	RSCU 数值					
		Sy		So		Sw	
T	ACU	4.5	0.79	3.2	0.55	3.1	0.54
	ACC	8	**1.4**	8	**1.39**	8.1	**1.41**
	ACA	8.4	**1.47**	9.8	**1.71**	9.8	**1.7**
	ACG	1.9	0.34	2.1	0.36	2	0.35
A	GCU	5.3	0.8	3.9	0.6	3.7	0.57
	GCC	10.8	**1.62**	11.2	**1.7**	11.2	**1.73**
	GCA	8.7	**1.31**	9	**1.37**	8.9	**1.37**
	GCG	1.8	0.28	2.2	0.33	2.2	0.33
C	UGU	0.8	0.85	0.6	0.64	0.5	0.56
	UGC	1.2	**1.15**	1.3	**1.36**	1.4	**1.44**
W	UGA	7.1	**1.56**	7.5	**1.62**	7.4	**1.6**
	UGG	2	0.44	1.8	0.38	1.8	0.4
R	CGU	0.8	0.53	0.7	0.47	0.7	0.47
	CGC	1.1	0.75	1	0.68	1	0.68
	CGA	2.8	**1.97**	3.4	**2.32**	3.2	**2.16**
	CGG	1.1	0.75	0.8	0.53	1	0.68
S	AGU	1	0.32	0.5	0.15	0.5	0.18
	AGC	3.2	**1.04**	3.5	**1.13**	3.4	**1.1**
G	GGU	2.9	0.61	2.1	0.44	2.1	0.44
	GGC	5	**1.04**	3.6	0.76	3.5	0.74
	GGA	6.9	**1.44**	8	**1.68**	8.4	**1.77**
	GGG	4.4	0.91	5.4	**1.13**	5	**1.05**

注：Sy 为拉萨裸裂尻鱼 *S. younghusbandi*；So 为异齿裂腹鱼 *S. oconnori*；Sw 为拉萨裂腹鱼 *S. waltoni*。大于 1 的 RSCU 值用黑体字表示，终止密码子未列入表中。

七、与其它鲤科鱼类线粒体全基因组的比较

目前，在 NCBI 上报道的鲤科鱼类线粒体全基因组为 100 多个。在本研究中，将自测 3 种裂腹鱼与 NCBI 上其它鱼类线粒体基因组比较分析，3 种裂腹鱼线粒体基因组的基因排列、转录方向及基因组成与其它鱼类基本相似，均由 37 个基因编码，包括 13 个蛋白质编码基因，2 个 rRNA 基因，22 个 tRNA 基因和 1 个 D-Loop 区，D-Loop 区均位于 $tRNA^{Pro}$ 和 $tRNA^{Phe}$ 之间，均为 A+T 富集

区，G+C含量较低，长度相差2bp。在整个线粒体基因组中，除1个蛋白质编码基因（*ND6*）和8个tRNAs（*tRNA-Gln*、*tRNA-Ala*、*tRNA-Asn*、*tRNA-Cys*、*tRNA-Tyr*、*tRNA-ser*^{UCN}、*tRNA-Glu*、*tRNA-Pro*）由L链编码外，其余28个基因均由H链编码。在L链上，*ND6*是仅有的一个蛋白质编码基因，其它脊椎动物mtDNA的H链和L链也分别编码相同的基因，多数蛋白编码基因之间插入至少一个tRNA基因。

3种线粒体基因组的碱基组成与其它鱼类线粒体基因组的碱基组成相似，均具有A+T偏向性，在H链出现次数最多的碱基是A，依次为C>T>G，与鱼类H链碱基出现频率一致（Chen et al.，2012），而在其它脊椎动物中，碱基出现次数的顺序是有变化的，不完全一致（Tzeng et al.，1992）。本实验选取鲤科中的11个代表物种的线粒体全基因组，分别为：中村三齿雅罗鱼（*tribolodon nakamurai*）、欧鲌（*Alburnus alburnus*）、豆口鱼（*Mylocheilus caurinus*）、鲤鱼（*C. carpio*）、斑马鱼（*Danio rerio*）、长吻似鮈（*Psedogobio esocinus*）、真口鱼（*Hemibarbus barbus*）、黑腹鱎（*Gnathopogon elongatus*）和本实验自测的3种裂腹鱼——拉萨裸裂尻鱼（*S. younghusbandi*）、异齿裂腹鱼（*S. oconnori*）、拉萨裂腹鱼（*S. waltoni*），应用软件circus构图，将不同物种碱基组成的变异可视化，就可以直观地看到不同物种的同一个基因的碱基变异程度，具体参见彩图4。

在彩图4中，最外圈表示线粒体上各蛋白质编码基因、rRNA、tRNA、D-Loop区的排列位置及相对大小，其中，浅绿色代表基因，西瓜红代表rRNA，黄色代表tRNA，灰色代表D-Loop区。在图中可以直观地看出线粒体基因组中各基因的排列顺序，在蛋白质编码基因、rRNA、D-Loop区中间插入了数量和长度不等的tRNA。其次，里面一圈是11个物种比对后的差异显示，红、蓝、绿分别表示由大到小不同的分辨率；最里面分别是11个物种中每个种和对照物种两两比对的差异显示。在图中，可以看到不同基因在不同分类单元间的变异程度是不同的，其中D-Loop区的变异最大，rRNA 的变异最小，在蛋白质编码基因中 *COX1*、*COX2* 和 *COX3* 变异较小，其它基因变异居中，但各不相同。因此在讨论系统发育关系时，选取 mtDNA 全基因组中的哪个基因来进行分析就显得至关重要。目前有两种观点：一种认为某些单个基因序列或其部分片段，可以代表整个 mtDNA 的进化水平和系统发育过程（Zardoyar，1996）；另一种观点则认为单个基因或片段所包含的系统信息太少，不足以反映整个生物的分子进化状况，而应该采用全部编码区序列或 rRNA 基因序列连接起来分析更为可靠（Miyam & Nishidam，2000）。通过本实验可视化的分析表明，不同的基因包含的系统发育信息显著不同，单纯地使用任何一个基因来分析，都不能代表完整的系统发育信息。因此，我们在后续的研究中，以线粒体全基因组为基础，结合基因的不同功能，选取最优的基因组合，实现能够最大程度地涵盖不同物种全部遗传信息的目的。

第三节 讨 论

本研究结合前人的研究经验，根据鲤科鱼类的实际情况，设计了一套适合的实验方法。设计 20 对引物，将拉萨裸裂尻鱼（*S. younghusbandi*）、异齿裂腹鱼（*S. oconnori*）和拉萨裂腹鱼（*S. waltoni*）线粒体全基因组覆盖，覆盖率为 2.09 倍，并结合二次 PCR，得到 PCR 产物，PCR 产物纯化直接测序。在直接测序过程中遇到较难测序的片段就改用克隆测序的方法，该方法既不需要纯的线粒体 DNA，也不需要酶切，实验过程简单容易控制，周期较短，费用较低。

拉萨裸裂尻鱼（*S. younghusbandi*）、异齿裂腹鱼（*S. oconnori*）和拉萨裂腹鱼（*S. waltoni*）线粒体蛋白质基因在密码子使用方面和其它鱼类相似（Wang et al.，2008；Wu et al.，2010；Wang et al.，2011）。起始密码子通常使用 ATG，只有 *COX2* 的起始密码子为 GTG；终止密码子通常使用两类，一类是完整的终止密码子

TAG 和 TAA，另一类是不完全终止密码子 TA 和 T。3 种裂腹鱼中多数采用完整的三联密码子 TAG 或 TAA 作为终止密码子，但也有分别出现 2 个或 1 个不完全终止密码子。例如 *ND4* 和 *CYTB* 在 3 个裂腹鱼中均是以单独的 T 作为不完全终止密码子。这些以不完全终止密码子结尾的蛋白质基因正好与 5′端的 tRNA 重叠，通过加上重叠在 tRNA 上的 2 个 bp 碱基可以将不完整的终止密码子补全。这种线粒体基因组中密码子不完整的现象在鲤形目鱼中也是常见的现象，目前认为是在转录结束后的 3′末端多聚腺嘧啶反应补足这种不完整密码子（Ojala et al.，1981）。

在蛋白质编码基因的氨基酸组成分析中，3 种裂腹类鱼中均为 Leu 最高，分别是 16.288 88%、16.499 74%和 16.473 38%。而在几种含量最多的氨基酸中，Leu 含量最多，它属于疏水氨基酸，推测这和线粒体基因组编码的大部分蛋白质是跨膜蛋白有关，这与密码子使用分析中，密码子的蛋白质亲水性均比较弱相一致。

众多的研究已提出很多影响密码子使用的因素，但是研究最广泛的还是涉及翻译效率带来的选择作用与突变压力两个方面。在本研究中，通过计算 3 种裂腹鱼线粒体蛋白编码基因的 GC 含量及每个密码子的 RSCU 值，发现 3 种裂腹鱼线粒体蛋白编码基因存在一定的用法偏倚，偏好使用以 A 或 T 碱基结尾的密码子，其中使用频率最高的是 CUA、CGA、CCA，均是以 A 结尾的密码子，而对于以 G 结尾的密码子尽量避免使用。一般来说，密码子的这种偏好性是物种进化过程中基因突变和选择的结果，对物种的起源以及进化的研究有一定的意义，如在猪（Liu & Sun，2008）、鼻疽伯克霍尔德氏菌（Zhao et al.，2007）等中也有相关的研究。

基于 Circus 软件的构图，将不同物种碱基组成的变异率可视化，图中的红、蓝和绿分别代表不同的分辨率，就可以直观地看到在鲤科中，哪些基因变异较大，哪些基因变异较小，甚至可以直观地看到基因的不同片段变异率的大小。研究表明，不同基因包含的系统发育信息不同，单纯地使用任何一个基因来分析，都不能代表完整的系统发育信息。因此，我们认为只有基于线粒体全基因组选择最佳的能够完整涵盖不同物种全部遗传信息的联合基因，基于此构建的系统树才能更接近真实的物种树。

第四节 小 结

通过对3种裂腹鱼线粒体全基因组的测定，可以明确如下信息：①测定了拉萨裸裂尻鱼、异齿裂腹鱼和拉萨裂腹鱼线粒体全基因组，3种裂腹鱼的线粒体全基因组为双链环状分子，全长分别为16 593bp、16 567bp、16 589bp，均含有13个蛋白质编码基因、2个rRNA基因、22个tRNA基因及1个D-Loop区；3种裂腹鱼的基因排列和转录方向与其它鲤科鱼一致。②拉萨裸裂尻鱼线粒体基因组全序列中A+T含量为56%；异齿裂腹鱼和拉萨裂腹鱼线粒体基因组全序列中A+T含量均为54.8%，3种裂腹鱼碱基组成均具有一定的A/T碱基偏向性。③在蛋白质编码基因的起始密码子使用方面，除*COX1*基因以特殊的GTG作为起始密码子外，其余均以ATG作为起始密码子；在终止密码子使用方面，拉萨裸裂尻鱼的*COX2*、*COX3*、*ND4*和*CYTB*为不完全终止密码子TA或T，其余基因均为典型的终止密码子TAG或TAA。异齿裂腹鱼和拉萨裂腹鱼的*ATP6*、*COX2*、*ND2*、*ND4*、*ND5*和*CYTB*为不完全终止密码子TA或T，其余均为典型的终止密码子TAG或TAA。④拉萨裸裂尻鱼、异齿裂腹鱼和拉萨裂腹鱼线粒体基因组rRNA序列比较保守；tRNA均属于典型的三叶草结构；D-Loop区长度分别为933bp、935bp和935bp，且含有一段保守的终止结合序列TAS，3个中央保守序列CSB-F、CSB-E、CSB-D，3个保守序列CSB-1、CSB-2、CSB-3。

3 第三章 用线粒体基因组和RAG2探讨鲤科的系统发育关系并估算分歧时间

第一节 材料与方法

一、外类群的选择

外类群的选择原则是依据尽可能选择所研究分类单元的姊妹群。在研究鲤科鱼类的系统发育关系时，外类群的选择通常依据的标准是来自鲤形目的其它科的代表物种。鲤形目中除鲤科之外，还包括亚口鱼科（Catostomidae）、双孔鱼科（Gyrinochelidae）、鳅科（Cobitidae）、裸吻鱼科（Psilorhynchidae）和平鳍鳅科（Homaloptridae）（陈宜瑜，1998），鲤形目科间的系统发育关系对研究鲤科系统发育时外类群的选择有一定的指导意义，对于它们之间的系统发育关系伍献文等已进行过相关的研究（伍献文等，1981）。本文采用试验中新测序的3种裂腹鱼的线粒体全基因组数据并联合GenBank中已测序的39种鲤科鱼类及亚口鱼科的白亚口鱼（*Catostomus commersonii*）、黑叶唇亚口鱼（*Hypentelium melanops*）、小孔亚口鱼（*Minytrema melanops*）、杂色亚口鱼（*Moxostoma poecilurum*）4个外类群的线粒体全基因组数据构建系统发育树，重建鲤科鱼类的系统发育关系。基于核基因*RAG2*，选择亚口鱼科和鳅科3个物种作为外类群，重建鲤科鱼类系统发育关系。

二、数据来源

本研究拟以46种鲤科鱼类线粒体全基因组及其它鲤形目鱼的

线粒体全基因组为研究对象。分析数据包括从 GenBank 数据库下载的 39 种鲤科鱼类线粒体全基因组序列及本实验测定的 3 种裂腹鱼线粒体全基因组数据以及亚科鱼科 4 个代表物种作为外类群。在本研究的实际工作中，分类单元的取样在一定程度上受限于所获得的数据。研究中选择的线粒体全序列的详细信息见表 3－1。我们试图从核基因的角度分析而和佐证上述鲤科鱼的演化关系，选取 *RAG2* 基因，联合本实验中自行测序的 3 种裂腹鱼 *RAG2* 基因的部分序列，对于物种的选择依据从 GenBank 数据库下载尽量包含线粒体数据中所涉及的物种（没有公布的物种选取同属中其它物种代替）。研究中选择的核基因部分序列数据详细信息见表 3－2。

表 3－1　本研究所用的线粒体基因组序列的来源及 GenBank 登录号

科名	属名	种名	来源	登录号
Cyprinidae	*Rhodeus*	*ocellatus*	Saitoh et al.，2006	AB070205
Cyprinidae	*Acheilognathus*	*typus*	Saitoh et al.，2006	AB239602
Cyprinidae	*Phoxinus*	*perenurus*	Saitoh et al.，2006	AP009061
Cyprinidae	*Pseudaspius*	*leptocephalus*	Saitoh et al.，2006	AP009058
Cyprinidae	*Pelecus*	*cultratus*	Saitoh et al.，2006	AB239597
Cyprinidae	*Mylocheilus*	*caurinus*	Saitoh et al.，2011	AP010779
Cyprinidae	*Notemigonus*	*scrysoleucas*	Saitoh et al.，2006	AB127393
Cyprinidae	*Alburnus*	*alburnus*	Saitoh et al.，2006	AB239593
Cyprinidae	*Tinca*	*tinca*	Saitoh et al.，2006	AB218686
Cyprinidae	*Aphyocypris*	*chinensis*	Saitoh et al.，2006	AB218688
Cyprinidae	*Danio*	*rerio*	Milam et al.，2000	AC024175
Cyprinidae	*Zacco*	*sieboldii*	Saitoh et al.，2006	AB218898
Cyprinidae	*Opsariichthys*	*uncirostris*	Saitoh et al.，2006	AB218897
Cyprinidae	*Esomus*	*metallicus*	Saitoh et al.，2006	AB239594
Cyprinidae	*Barbus*	*barbus*	Saitoh et al.，2006	AB238965
Cyprinidae	*Barbonymus*	*gonionotus*	Saitoh et al.，2006	AB238966

（续）

科名	属名	种名	来源	登录号
Cyprinidae	*Barbus*	*trimaculatus*	Saitoh et al.，2006	AB239600
Cyprinidae	*Puntius*	*ticto*	Saitoh et al.，2006	AB238969
Cyprinidae	*Cyprinus*	*carpio*	Mabuchi et al.，2006	AP009047
Cyprinidae	*Carassius*	*auratus langsdorfi*	Murakami et al.，1998	AB006953
Cyprinidae	*Ischikauia*	*steenackeri*	Saitoh et al.，2006	AB239601
Cyprinidae	*Paralaubuca*	*typus*	Saitoh et al.，2011	AP011211
Cyprinidae	*chanodichthys*	*mongolicus*	Saitoh et al.，2006	AP009060
Cyprinidae	*Cyprinella*	*lutrensis*	Saitoh et al.，2006	AB070206
Cyprinidae	*Tribolodon*	*nakamurai*	Saitoh et al.，2006	AB218896
Cyprinidae	*Labeo*	*bata*	Saitoh et al.，2011	AP011198
Cyprinidae	*Labeo*	*batesii*	Saitoh et al.，2006	AB238967
Cyprinidae	*Labeo*	*senegalensis*	Saitoh et al.，2006	AB238968
Cyprinidae	*Xenocypris*	*argentea*	Saitoh et al.，2006	AP009059
Cyprinidae	*Gila*	*conspersa*	Saitoh et al.，2011	AP009315
Cyprinidae	*Gnathopogon*	*elongatus*	Saitoh et al.，2006	AB218687
Cyprinidae	*Gobio*	*gobio*	Saitoh et al.，2006	AB239596
Cyprinidae	*Hemibarbus*	*barbus*	Saitoh et al.，2006	AB070241
Cyprinidae	*Pseudogobio*	*esocinus*	Saitoh et al.，2011	AP009310
Cyprinidae	*Pseudorasbora*	*pumila*	Saitoh et al.，2006	AB239599
Cyprinidae	*Pungtungia*	*herzi*	Saitoh et al.，2006	AB239598
Cyprinidae	*Raiamas*	*senegalensis*	Saitoh et al.，2011	AP010780
Cyprinidae	*Gymnocypris*	*przewalskii*	Saitoh et al.，2006	AB239595
Cyprinidae	*Sarcocheilichthys*	*variegatus*	Saitoh et al.，2003	AB054124
Catostomidae	*Catostomus*	*commersonii*	Saitoh et al.，2006	AB127394
Catostomidae	*Minytrema*	*melanops*	Saitoh et al.，2006	AB242166
Catostomidae	*Moxostoma*	*poecilurum*	Saitoh et al.，2006	AB242167
Catostomidae	*Hypentelium*	*nigricans*	Saitoh et al.，2006	AB242169

（续）

科名	属名	种名	来源	登录号
Cyprinidae	*Schizothorax*	*oconnori*	本研究	
Cyprinidae	*Schizothorax*	*waltoni*	本研究	
Cyprinidae	*Schizopugopsis*	*younghusbandi*	本研究	

表 3－2　本研究所用的核基因序列的来源及 GenBank 登录号

科名	属名	种名	来源	登录号
Cyprinidae	*Rhodeus*	*Rhodeus* sp.	Wang et al.，2007	DQ367031
Cyprinidae	*Phoxinus*	*phoxinus*	Wang et al.，2006	DQ367022
Cyprinidae	*Tinca*	*tinca*	Wang et al.，2006	DQ367029
Cyprinidae	*Danio*	*rerio*	Willett et al.，1997	DRU71094
Cyprinidae	*Zacco*	*platypus*	Wang et al.，2007	DQ367010
Cyprinidae	*Opsariichthys*	*bidens*	Wang et al.，2007	DQ367014
Cyprinidae	*Barbus*	*barbus*	Wang et al.，2007	DQ366990
Cyprinidae	*Barbonymus*	*gonionotus*	Pasco & Viel，2011	JQ346109
Cyprinidae	*Puntius*	*tetrazona*	Wang et al.，2007	DQ366938
Cyprinidae	*Puntius*	*semifasciolatus*	Wang et al.，2007	DQ366951
Cyprinidae	*Puntius*	*conchonius*	Wang et al.，2007	GQ406253
Cyprinidae	*Cyprinus*	*carpio*	Wang et al.，2007	DQ366994
Cyprinidae	*Carassius*	*auratus*	Wang et al.，2007	DQ366941
Cyprinidae	*Cyprinella*	*lutrensis*	Wang et al.，2007	DQ367019
Cyprinidae	*Labeo*	*yunnanensis*	Wang et al.，2007	DQ366948
Cyprinidae	*Labeo*	*dussumieri*	Suraj et al.，2010	HM772988
Cyprinidae	*Labeo*	*rajasthanicus*	Suraj et al.，2010	HM772990
Cyprinidae	*Labeo*	*rohita*	Pasco & Viel，2011	JQ346101
Cyprinidae	*Xenocypris*	*argentea*	Wang et al.，2007	DQ367024
Cyprinidae	*Gobio*	*gobio*	Wang et al.，2007	DQ367015
Cyprinidae	*Pseudogobio*	*vaillanti*	Wang et al.，2007	DQ366999

（续）

科名	属名	种名	来源	登录号
Cyprinidae	*Pseudorasbora*	*parva*	Wang et al., 2007	DQ366997
Cyprinidae	*Pseudorasbora*	*pseudorasbora* sp.	Wang et al., 2007	DQ367030
Cyprinidae	*Raiamas*	*guttatus*	Wang et al., 2007	DQ366966
Cyprinidae	*Gymnocypris*	*przewalskii*	Wang et al., 2007	DQ366954
Cyprinidae	*Gymnocypris*	*eckloni*	Wang et al., 2007	DQ366950
Cyprinidae	*Sarcocheilichthys*	*sinensis*	Wang et al., 2007	DQ367026
Cyprinidae	*Cultrichthys*	*erythropterus*	Wang et al., 2006	DQ367037
Cyprinidae	*Culter*	*alburnus*	Wang et al., 2006	DQ367004
Cobitidae	*Misgurnus*	*misgurnus* sp.	Calcagnotto, 2005	AY804103
Catostomidae	*Myxocyprinus*	*asiaticus*	Wang et al., 2007	DQ367043
Gyrinocheilidae	*Gyrinocheilus*	*gyrinocheilus* sp.	Calcagnotto, 2005	AY804074
Cyprinidae	*Schizothorax*	*oconnori*	本研究	
Cyprinidae	*Schizothorax*	*waltoni*	本研究	
Cyprinidae	*Schizopugopsis*	*younghusbandi*	本研究	

三、数据分析

本研究中所测序的 3 个物种联合 GenBank 数据库中已公布的 39 种鲤科鱼类线粒体全基因组序列，共计 42 种鲤科鱼类对其进行系统发育分析。这些线粒体基因组的数据被分成两个数据集，即 rRNAs & PCGs 数据集（除 *ND6* 之外）和 PCGs 数据集。其次，本实验测序的 3 个种和 GenBank 数据库中下载的鲤科 *RAG2* 基因组成核基因数据集。

分子数据首先用来进行多重替代（Multiple Substitution）或饱和（Saturation）现象的分析。在对它们进行分析之前要先考虑内类群（Ingroup）分类单元间的转换（Transition）和颠换（Transversion）的相对数量，通过将观察到的转换和颠换数目与分类单元间的遗传距离作图来检验核苷酸替代位点的突变是否饱和。本研究中，构建的两个数据集分别来源于线粒体基因组的数据和核基因 *RAG2* 的数据。运用 DAMBE 对各数据集的碱基替换饱和性做了分析，对于线粒体基因，基于全序列的碱基替代用来评价可能的位点突变饱和；对于核基因 *RAG2*，分别对其第一、第二和第三编码子的突变饱和进行分析。

四、系统发育树的构建

系统发育树的评价使用的是 PAUP4.0b10（Swofford，2000）计算机程序。分子系统发育树分别采用两种不同的优化标准最大简约法（Maximum Parsimony，MP）和最大似然法（Maximum Likelihood，ML）。

最大简约法：MP 分析选择启发式搜索（Heuristic Search），树二等分再连接选项（Tree Bisection Reconnection，简称 TBR）和 100 Addition Sequence Replicates。MP 树的参数是基于 MP 分析所得到分支树中的一棵计算得到的，树中各节点可信度的检验采用非参数自展法，参数如下：Heuristic Search，10 Radom－addition Sequence，TBR Branch Swappin，重复抽样次数为：1 000次。

最大似然法：使用 Modeltest3.7 程序（Posada & Crandall，1998）来决定 ML 分析目的基因序列中核苷酸进化的最佳模型。Modeltest3.7 程序在赤池标准（Akaike Information Criterion，AIC）下，通过分级似然率检验（Hierarchical Likelihood Ratio Tests，HLRTs）得到 3 个数据集的最优进化模型均为 GTR＋I＋G，然后再应用 RAxML v 7.2.6（Stamatakis ，2006）软件构建上述 3 个数据集的 ML 树。

五、分歧时间估算

本研究将鲤形目中鳅科、平鳍鳅科、双孔鱼科等的几个代表物种选为外类群，在重新举样后的序列数据中选取 rRNAs & PCGs（PCGs 基因不包括 *ND6*）联合基因，应用 RAxML v 7.2.6 软件对密码子第一位、第二位和第三位以及rRNA分别分析，构建ML系统发育树，最佳的核苷酸置换模型（GTR+I+G）由Modeltest 3.7确定，参考数据来源见表3-3。基于裂腹鱼类的线粒体全基因组数据量较少，为了更精确地反映裂腹鱼类内部类群的分化时间，我们重新检索了GenBank数据库，下载截至2012年1月公布的所有裂腹鱼类*CYTB*基因序列。详细信息见表3-4。

表3-3　本研究所用的鲤形目鱼类线粒体基因组数据

科名	属名	种名	来源	登录号
Cyprinidae	*Rhodeus*	*ocellatus*	Saitoh et al.，2006	AB070205
Cyprinidae	*Acheilognathus*	*typus*	Saitoh et al.，2006	AB239602
Cyprinidae	*Phoxinus*	*perenurus*	Saitoh et al.，2006	AP009061
Cyprinidae	*Pseudaspius*	*leptocephalus*	Saitoh et al.，2006	AP009058
Cyprinidae	*Pelecus*	*cultratus*	Saitoh et al.，2006	AB239597
Cyprinidae	*Mylocheilus*	*caurinus*	Saitoh et al.，2011	AP010779
Cyprinidae	*Notemigonus*	*scrysoleucas*	Saitoh et al.，2006	AB127393
Cyprinidae	*Alburnus*	*alburnus*	Saitoh et al.，2006	AB239593
Cyprinidae	*Tinca*	*tinca*	Saitoh et al.，2006	AB218686
Cyprinidae	*Aphyocypris*	*chinensis*	Saitoh et al.，2006	AB218688
Cyprinidae	*Danio*	*rerio*	Milam et al.，2000	AC024175
Cyprinidae	*Zacco*	*sieboldii*	Saitoh et al.，2006	AB218898
Cyprinidae	*Opsariichthys*	*uncirostris*	Saitoh et al.，2006	AB218897
Cyprinidae	*Esomus*	*metallicus*	Saitoh et al.，2006	AB239594
Cyprinidae	*Barbus*	*barbus*	Saitoh et al.，2006	AB238965
Cyprinidae	*Barbonymus*	*gonionotus*	Saitoh et al.，2006	AB238966
Cyprinidae	*Barbus*	*trimaculatus*	Saitoh et al.，2006	AB239600
Cyprinidae	*Puntius*	*ticto*	Saitoh et al.，2006	AB238969
Cyprinidae	*Cyprinus*	*carpio*	Mabuchi et al.，2006	AP009047
Cyprinidae	*Carassius*	*auratus langsdorfi*	Murakami et al.，1998	AB006953

（续）

科名	属名	种名	来源	登录号
Cyprinidae	*Ischikauia*	*steenackeri*	Saitoh et al.，2006	AB239601
Cyprinidae	*Paralaubuca*	*typus*	Saitoh et al.，2011	AP011211
Cyprinidae	*Chanodichthys*	*mongolicus*	Saitoh et al.，2006	AP009060
Cyprinidae	*Cyprinella*	*lutrensis*	Saitoh et al.，2006	AB070206
Cyprinidae	*Tribolodon*	*nakamurai*	Saitoh et al.，2006	AB218896
Cyprinidae	*Labeo*	*bata*	Saitoh et al.，2011	AP011198
Cyprinidae	*Labeo*	*batesii*	Saitoh et al.，2006	AB238967
Cyprinidae	*Labeo*	*senegalensis*	Saitoh et al.，2006	AB238968
Cyprinidae	*Xenocypris*	*argentea*	Saitoh et al.，2006	AP009059
Cyprinidae	*Gila*	*conspersa*	Saitoh et al.，2011	AP009315
Cyprinidae	*Gnathopogon*	*elongatus*	Saitoh et al.，2006	AB218687
Cyprinidae	*Gobio*	*gobio*	Saitoh et al.，2006	AB239596
Cyprinidae	*Hemibarbus*	*barbus*	Saitoh et al.，2006	AB070241
Cyprinidae	*Pseudogobio*	*esocinus*	Saitoh et al.，2011	AP009310
Cyprinidae	*Pseudorasbora*	*pumila*	Saitoh et al.，2006	AB239599
Cyprinidae	*Pungtungia*	*herzi*	Saitoh et al.，2006	AB239598
Cyprinidae	*Raiamas*	*senegalensis*	Saitoh et al.，2011	AP010780
Cyprinidae	*Gymnocypris*	*przewalskii*	Saitoh et al.，2006	AB239595
Cyprinidae	*Sarcocheilichthys*	*variegatus*	Saitoh et al.，2003	AB054124
Cobitidae	*Pangio*	*anguillaris*	Saitoh et al.，2006	AB242168
Cobitidae	*Chromobotia*	*macracanthus*	Saitoh et al.，2006	AB242163
Cobitidae	*Cobitis*	*striata*	Saitoh et al.，2003	AB054125
Cobitidae	*Leptobotia*	*mantschurica*	Saitoh et al.，2006	AB242170
Cobitidae	*Misgurnus*	*nikolskyi*	Saitoh et al.，2006	AB242171
Cobitidae	*Acantopsis*	*choirorhynchos*	Saitoh et al.，2006	AB242161
Balitoridae	*Barbatula*	*toni*	Saitoh et al.，2006	AB242162
Balitoridae	*Schistura*	*balteata*	Saitoh et al.，2006	AB242172

（续）

科名	属名	种名	来源	登录号
Balitoridae	*Formosania*	*lacustre*	Saitoh et al.，2011	AP010774
Balitoridae	*Homaloptera*	*leonardi*	Saitoh et al.，2006	AB242165
Balitoridae	*Lefua*	*echigonia*	Saitoh et al.，2003	AB054126
Balitoridae	*Vaillantella*	*maassi*	Saitoh et al.，2006	AB242173
Catostomidae	*Carpiodes*	*carpio*	Saitoh et al.，2006	AB126083
Catostomidae	*Catostomus*	*commersonii*	Saitoh et al.，2006	AB127394
Catostomidae	*Cycleptus*	*elongatus*	Saitoh et al.，2006	AB126082
Catostomidae	*Minytrema*	*melanops*	Saitoh et al.，2006	AB242166
Catostomidae	*Moxostoma*	*poecilurum*	Saitoh et al.，2006	AB242167
Catostomidae	*Hypentelium*	*nigricans*	Saitoh et al.，2006	AB242169
Catostomidae	*Ictiobus*	*bubalus*	Saitoh et al.，2011	AP009316
Catostomidae	*Myxocyprinus*	*asiaticus*	Saitoh et al.，2006	AB223007
Gyrinocheilidae	*Gyrinocheilus*	*aymonieri*	Saitoh et al.，2006	AB242164
Cyprinidae	*Schizothorax*	*oconnori*	本研究	
Cyprinidae	*Schizothorax*	*waltoni*	本研究	
Cyprinidae	*Schizopugopsis*	*younghusbandi*	本研究	

表3-4 本研究所用的裂腹鱼类*CYTB*基因数据

亚科名	种名	来源	登录号
Schizothoracinae	*przewalskii 2*	Qi et al.，2011	JQ082353
Schizothoracinae	*przewalskii 3*	Xiao et al.，1998	AF051864
Schizothoracinae	*przewalskii*	Qi et al.，2005	DQ309363
Schizothoracinae	*eckloni scoliostomus*	Qi et al.，2011	JQ082352
Schizothoracinae	*extremus*	Qi et al.，2011	JQ082363

（续）

亚科名	种名	来源	登录号
Schizothoracinae	*pylzovi*	Qi et al.，2011	JQ082355
Schizothoracinae	*kessleri*	Qi et al.，2011	JQ082356
Schizothoracinae	*chengi*	Qi et al.，2005	DQ309351
Schizothoracinae	*kialingensis*	Qi et al.，2011	JQ082359
Schizothoracinae	*microcephalus*	Qi et al.，2011	JQ082364
Schizothoracinae	*eckloni chilianensis*	Zhao et al.，2009	FJ977362
Schizothoracinae	*thermalis*	Qi et al.，2005	DQ309367
Schizothoracinae	*malacanthus*	Qi et al.，2011	JQ082357
Schizothoracinae	*anteroventris*	Qi et al.，2011	JQ082358
Schizothoracinae	*namensis*	Qi et al.，2005	DQ309353
Schizothoracinae	*younghusbandi*	Qi et al.，2011	JQ082361
Schizothoracinae	*integrigymnatus 2*	Yang et al.，2009	GU214389
Schizothoracinae	*integrigymnatus*	Yang et al.，2009	GU214388
Schizothoracinae	*stewartii*	Qi et al.，2011	JQ082354
Schizothoracinae	*conirostris*	Qi et al.，2011	JQ082346
Schizothoracinae	*chungtienensis*	Duan et al.，2008	FJ601043
Schizothoracinae	*kaznakovi*	Qi et al.，2011	JQ082347
Schizothoracinae	*dipogon*	Qi et al.，2011	JQ082345
Schizothoracinae	*dybowskii*	Qi et al.，2011	JQ082350
Schizothoracinae	*pachycheilus*	Qi et al.，2011	JQ082349
Schizothoracinae	*maculatus*	Qi et al.，2011	JQ082348
Schizothoracinae	*barbus*	Tsigenopoulos et al.，1998	AF112123
Schizothoracinae	*pseudoaksaiensis*	Durand et al.，1999	AF180827

（续）

亚科名	种名	来源	登录号
Schizothoracinae	*argentatus*	Durand et al.，1999	AF180861
Schizothoracinae	*oconnori*	Qi et al.，2011	JQ082339
Schizothoracinae	*prenanti*	Qi et al.，2011	JQ082340
Schizothoracinae	*griseus*	Yang et al.，2007	EU158040
Schizothoracinae	*prenanti 2*	Chao et al.，2009	GQ466605
Schizothoracinae	*kozlovi*	He D & Chen Y，2005	DQ126115
Schizothoracinae	*davidi*	He D & Chen Y，2005	DQ126113
Schizothoracinae	*lissolabiatus*	Yang et al.，2007	EU158052
Schizothoracinae	*younghusbandi*	本研究	
Schizothoracinae	*oconnori*	本研究	
Schizothoracinae	*waltoni*	本研究	

分别应用相对速率检验法和似然比检验法检测系统发育树各分支间核苷酸置换速率的差异显著性，即用RRTREE（Marc et al.，2000）软件检测各分支间的相对速率，表明存在显著性差异，即严格的分子钟假设不成立。因而不能采用简单的线性拟合来估计各亚科间的分歧时间。基于宽松分子钟条件，采用贝叶斯马尔可夫链蒙特卡罗（MCMC）算法估计分歧时间。核苷酸置换模型为HKY85+Γ5，用PAML软件包中的MCMCTREE（Yang & Rannala，2006；Rannala & Yang，2007）程序分析数据。分别应用相对速率检验法和似然比检验法检测系统发育树各分支。本研究在选择标定点时主要参考Saitoh等（2011）中关于鲤形目分化时间的研究，文章中采用线粒体蛋白质编码基因及rRNA构建鲤形目系统发育树，选择22个化石作为标定点估算进化树中各分支的分歧时间。基于此，我们选择文中所分析的现生鲤形目鱼类的分化时间，以此作为本研究估算分歧时间的标定点，具体信息见表3-5。在去除

10 000次重复后，MCMC 程序重复运行200 000次。在每次分析中，算法用不同初始值运算两次以确认收敛于同一后验值。

表 3－5　基于数据集 rRNAs & PCGs 估算分歧时间的标定信息

节点	最远	最远	标定信息
Basal Cyprininae	66.2	95	Saitoh et al., 2011
L. bata/*L. senegalensis*	49.1	75	
Cyprininae/Labeoninae	45.6	69.6	
Leuciscinae/Tinca	64.1	93.1	
Gobioninae/（Leuciscinae+Tinca）	69.4	99.4	
（Gobioninae through Leuciscinae）/Xenocyprininae	86	118.4	
D. rerio/*R. senegalensis*	59	88	
（Acheilognathinae through Leuciscinae）/Rasborinae	100.3	135.4	
Clade A/B（basal Cyprinidae）	107.2	143.5	
Basal Catostomidae	69.1	101.1	
Catostomidae/Cyprinidae	126.1	165.6	
（Catostomidae/Cyprinidae）/Gyrinocheilus	132.5	172.3	
Cobitinae/Balitoridae	115.3	154.5	
Basal Cypriniformes	136.2	176.4	

注：标定信息参考 Saitoh et al.，2011。

第二节　结果与分析

一、序列分析

本研究中，系统发育分析中的线粒体基因组 rRNAs & PCGs 数据集和 PCGs 数据集以及核基因 *RAG2* 数据集均应用 Clustal W 进行对位排列后，用 MEGA5.0 计算 rRNAs & PCGs 数据集和 PCGs 数据集中联合基因的序列长度分别为13 359bp 和10 803bp。rRNAs & PCGs 数据集中，10 936个核苷酸位点中，保守位点6 353个，变异位点7 006个，信息简约位点6 021个，自裔位点 985

个；PCGs 数据集中，8 645个核苷酸位点中，保守位点4 916个，变异位点5 887个，信息简约位5 192个，自裔位点 695 个。本研究中扩增得到 3 种裂腹鱼的 *RAG2* 基因部分序列，联合 NCBI 中的 32 种鲤科鱼及其它鲤形目鱼的 *RAG2* 基因，这些 DNA 序列排列后共得到1 069个核苷酸位点，其中保守位点 591 个，变异位点 478 个，简约性位点 355 个，自裔位点 123 个。

本研究中所使用的鲤科鱼类线粒体基因组 rRNAs & PCGs 数据集和 PCGs 数据集的联合基因表现出碱基组成偏向性，即 A、T、G、C 4 种碱基中，A 的含量高于其它 3 种碱基的含量，而且 A+T 含量（56.2%）相应高于 G+C 含量（43.9%）；PCGs 数据集中，A 的含量高于其它 3 种碱基的含量，而且 A+T 含量（57.7%）相应高于 G+C 含量（43.3%）；*RAG2* 基因全部位点的碱基频率大致上是相等的。其中，第一密码子表现出了明显偏高的 G 碱基比例和较低的 T 比例。然而第三编码子中 G 的比例相对减少，而 A 和 T 的比例则略有增加。在 4 个密码子中，T 的含量从第一位到第三位逐渐增加，而 G 则正好与 T 相反，最终 4 个碱基在第一位、第二位和第三位的平均含量相似。因此，本研究中所有鲤科鱼类 *RAG2* 基因的全部位点的碱基组成和每一编码子各自的碱基比例是不一致的。rRNAs & PCGs 数据集和 PCGs 数据集和 *RAG2* 基因序列平均碱基率的详细信息见表 3－6。

表 3－6　3 个数据集碱基组成信息统计

序列信息	rRNAs & PCGs	PCGs	*RAG2*
length	13 359	10 803	1 072
ii	10 936	8 645	964.00
C	6 353	4 916	591
V	7 006	5 887	478
Pi	6 021	5 192	355
S	985	695	123

（续）

序列信息	rRNAs & PCGs	PCGs	*RAG2*
si	1 546	1 373	70.00
sv	867	779	35.00
R	1.78	1.76	2.02
TT	2 872	2 429	224.00
TC	473	428	19.00
TA	161	143	6.00
TG	35	31	3.00
CT	489	441	21.00
CC	2 883	2 329	257.00
CA	202	183	5.00
CG	43	40	4.00
AT	156	138	6.00
AC	188	169	4.00
AA	3 298	2 518	229.00
AG	283	243	15.00
GT	37	34	3.00
GC	44	41	4.00
GA	302	261	15.00
GG	1 883	1 369	254.00

注：C 为保守位点；V 为变异位点；Pi 为简约信号位点；S 为自裔位点；ii＝Identical Pairs；Si＝Tansitional pairs；sv＝transversional pairs，R＝Ts/Tv。

分别将rRNAs & PCGs数据集、PCGs数据集的联合基因和*RAG2*基因序列中成对比较推断的碱基替代率，同K2P距离进行比较来验证鲤科鱼类线粒体联合基因中是否存在突变饱和现象。rRNAs & PCGs数据集中的联合基因全部位点的转换率和颠换率与相应的序列差异显示它们在鲤科鱼中不存在突变饱和现象，可以用做系统分析。PCGs数据集的联合基因和*RAG2*基因序列中3个密码子的替代率和序列距离分析显示，数据集中的基因序列碱基替代率均与K2P距离成线性关系，未达到饱和，具有系统发育信号。这3个数据集均可以用作系统发育分析。通过PAUP对各数据集进行了gl统计和PTP检验，gl统计结果表明3个数据集的树长分布均有较明显的左倾倾向，PTP结果显示各数据集的p值均小于临界值0.05，表明这些数据集并不是随机数据，而是含有较显著的系统发育信息。

二、系统发育分析

在PAUP＊4.0b10中，rRNAs & PCGs数据集、PCGs数据集选取的外类群相同，均为亚口鱼科的白亚口鱼（*Catostomus commersonii*）、小孔亚口鱼（*Minytrema melanops*）、杂色亚口鱼（*Moxostoma poecilurum*）、黑叶唇亚口鱼（*Hypentelium nigricans*），对42种鲤科鱼类两个数据集rRNAs & PCGs数据集和PCGs数据集以最大简约法进行系统发育树的重建，将以上数据集应用RAxML v 7.2.6软件对鲤科鱼类系统发育关系进行最大似然分析，*RAG2*基因序列选用鲤科之外的鲤形目中鳅科和亚口鱼科的*Misgurnus* sp.、*Myxocyprinus asiaticus*和*Gyrinocheilus* sp.作为外类群，对35种鲤科鱼进行最大简约法分析和最大似然法分析。

1. 最大简约树

两个数据集分别在PAUP＊4.0b10中构建非加权MP树，图中的分支节点处表示自举（Bootstrap）1 000次后得到的分枝置信度，反映该分枝节点处的可信度。MP法的系统发育树结果如图

3-4所示，其中基于数据集 rRNAs & PCGs 的系统发育树中有 3 处自展支持率小于 50%；基于 PCGs 数据集的系统发育树中有 6 处自展支持率小于 50%，在系统树中均以 * 表示。

在 MP 树中，相对于取样中外类群亚口鱼科的代表物种，鲤科最先聚为一个单系类群，位于鲤科基部的一支是波鱼亚科（Rasborinae）的银鱼（*Raiamas senegalensis*）、斑马鱼（*Danio rerio*）和金光飞鲤（*Esomus metallicus*），它们最先从共同的祖先中分化出来，然后出现的是姐妹群分支，鲃系和雅罗鱼系。其中，鲤亚科、鲃亚科、裂腹鱼亚科和野鲮鱼亚科聚到一起，形成鲃系；雅罗鱼亚科、鮈亚科、鲴亚科等聚到一起，形成雅罗鱼系。在鲃系中，裂腹鱼亚科始终聚在一起，即原始等级的裂腹鱼与特化等级的裂腹鱼互为姐妹群聚为一支。鲤亚科和野鲮鱼亚科是单系群，鲤亚科的两个种和野鲮鱼亚科的 3 个种分别各自聚为一支。而鲃亚科几个物种没有形成单系群，其中，鲃鱼（*Barbus barbus*）与裂腹鱼亚科系统关系较近，在两个数据集所构建的 MP 树中，总是最先与裂腹鱼亚科聚到一起，并且支持率较高（均>90%）。鲃亚科的 3 个物种则分散于裂腹鱼亚科和鲃亚科，并没有形成单系群，表明鲃亚科内部类群的系统位置仍存在着较多问题，需要进一步取样研究；在雅罗鱼系中，丁鱥（*Tica tica*）均先于雅罗鱼亚科聚为一支，然后与鮈亚科和鲴亚科共同构成雅罗鱼系，但是自展支持率均低于 50%。两个数据集建立的最大简约树的拓扑结构基本相似，只是细鳞鱊（*Acheilognathus typus*）和久留米鳑鲏（*Rhodeus ocellatus kurumeus*）系统位置不同，基于数据集 rRNAs & PCGs 的系统发育树中，细鳞鱊和久留米鳑鲏处于雅罗鱼系的基部；而基于数据集 PCGs 的系统树中，细鳞鱊和久留米鳑鲏位于雅罗鱼系中鮈亚科的基部，然后与雅罗鱼系中其它亚科共同聚为一支。基于不同的数据集构建的 MP 树见图 3-1 和图 3-2。

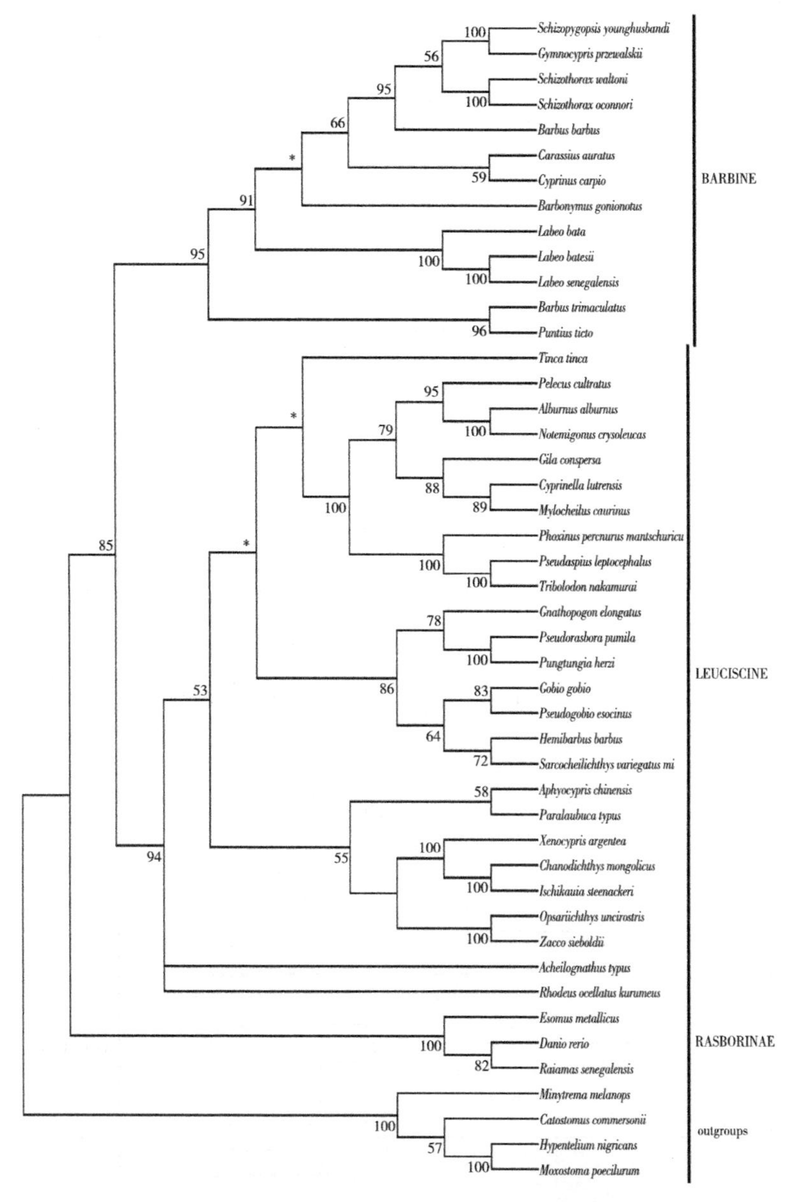

图 3-1　基于 rRNAs & PCGs 数据集构建的最大简约树

注：节点的数字代表自展支持率，* 表示 BP<50%。

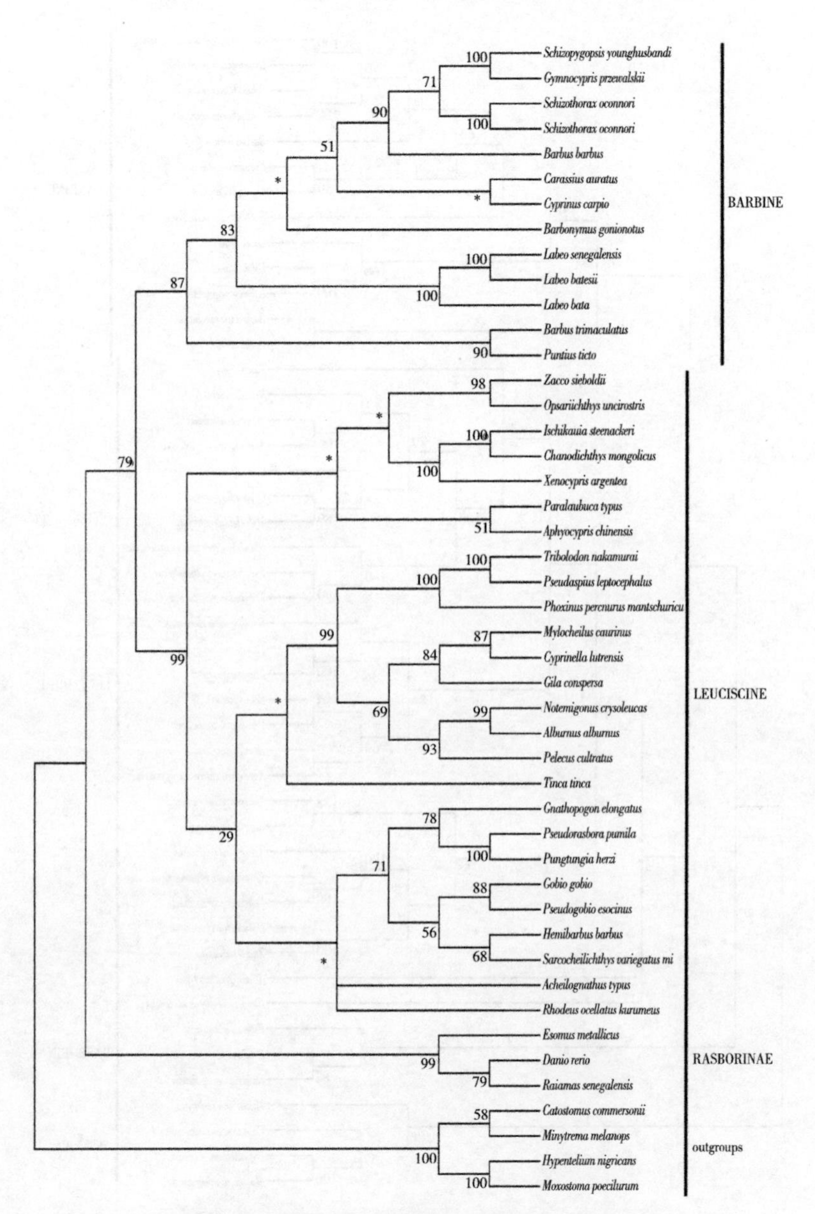

图 3-2　基于 PCGs 数据集构建的最大简约树

注：节点的数字代表自展支持率，* 表示 BP<50%。

2. 最大似然法建树

进行最大相似性分析时，Modeltest 检验的结果显示对于两个不同的数据集均采用的碱基替代模型为 GTR+I+G（根据等级似然率和 AIC 选择标准选择最合适的替代模型）。

基于数据集 rRNAs & PCGs 的 ML 树中，最大似然值为 −285 629.723 340。ML 法得到的系统发育树是相当明确的，节点的自展支持率较高。

在 ML 树中，鲤科相对于外类群中的亚口鱼科（真骨鱼：鲤形目）代表种最先聚为一个单系类群，它的节点自展支持率为 100%。鲃系首先从鲤科中分化出来，构成一个单系群，其中包括了一对姐妹群分支，即野鲮鱼亚科的巴塔野鲮（*Labeo bata*）、巴氏野鲮（*Labeo batesii*）和塞内加尔野鲮（*Labeo senegalensis*）所聚成的分支和鲤亚科、鲃亚科和裂腹鱼亚科聚成的分支共同构成鲃系（自展支持率为 100%）。在鲃系中，裂腹鱼亚科中的两个原始等级的类群拉萨裂腹鱼（*S. waltoni*）和异齿裂腹鱼（*S. oconnori*）首先聚为一支，形成一个单系群，裂腹鱼亚科中的另外两个特化等级的类群青海湖裸鲤（*Gymnocypris przewalskii*）和拉萨裸裂尻鱼（*S. younghusbandi*）互为姊妹群聚在一起，鲤亚科的两个种互为姐妹群，聚为一支，野鲮鱼亚科的 3 个种聚为一支，形成一个单系群；鲃亚科的几个物种比较特殊，鲃亚科没有形成单系群，其中的鲃鱼（*Barbus barbus*）和高度特化等级的裂腹鱼聚为一支，只是支持率不高，仅为 40%，银高体鲃（*Barbonymus gonionotus*）与鲤亚科和裂腹鱼亚科聚为一支，另外两个种三斑鲃（*Brabus trimaculatus*）和异斑小鲃（*Puntitus ticto*）聚在一起形成单系。在裂腹鱼亚科中，两个特化等级的裂腹鱼类群聚在一起，两个原始等级的裂腹鱼类群聚在一起，表明它们之间的形态和分子数据关系一致，然后与鲃亚科和鲤亚科聚在一起，表明鲤类、鲃类和裂腹鱼类密切相关构成一个分支然后再与野鲮鱼亚科共同构成鲃系。雅罗鱼系也是鲤科中的一个单系类群，该节点的自展支持率为 100%。在雅罗鱼系中，则可以辨别出几个明显的分支。鳑鲏亚科为一个单系群，其中的细鳞鱊（*Acheilognathus typus*）和高身鳑鲏（*Rhodeus ocellatus kurumeus*）聚为一支，位于雅罗鱼系的基部；丁鱥则位于雅罗鱼亚科的基部，其位置较为特殊。可以试图将其并入雅罗鱼亚科，但是系统发育分析的自展支持率不高（58%）；雅罗鱼亚科与鮈亚科聚为一支（自展支持率为75%），然后与鲴亚科聚为一支（自展支持率为77%）。波鱼亚科（Rasborinae）的银鱼（*R. senegalensis*）、斑马鱼（*D. rerio*）和金光飞鲤（*E. metallicus*）这3个物种聚为一支，和雅罗鱼系互为姐妹群，自展支持率99%。基于数据集rRNAs & PCGs的ML树中，各物种系统发育位置见图3-3。

对于数据集PCGs的联合基因数据，应用RAxML v 7.2.6构建的最大似然树，其最大似然值为－250 900.731 270。ML得到的分支树是相当明确的，树中许多节点都获得了较高的自展支持率。

基于数据集PCGs的核苷酸ML树中，鲤科相对于外类群中的亚口鱼科（真骨鱼：鲤形目）代表种先聚为一个单系类群，它的节点自展支持率为100%。鲃系是一个单系群，其中包括了一对姐妹群分支，即野鲮鱼亚科的巴塔野鲮（*L. bata*）、巴氏野鲮（*L. batesii*）和塞内加尔野鲮（*L. senegalensis*）聚成的分支和鲤亚科、鲃亚科和裂腹鱼亚科聚成的分支共同构成鲃系（节点自展支持率为100%）。在鲃系中，裂腹鱼亚科中的两个原始类群拉萨裂腹鱼（*S. waltoni*）和异齿裂腹鱼（*S. oconnori*）首先聚为一支，形成一个单系群，裂腹鱼亚科中的另外两个高度特化类群青海湖裸鲤（*G. przewalskii*）和拉萨裸裂尻鱼（*S. younghusbandi*）聚在一起，形成一个单系类群；鲤亚科和野鲮鱼亚科的物种分别聚成一支；鲃亚科的几个物种比较特殊，由它们的拓扑结构可以看出，鲃亚科没有形成一个单系群，其中的鲃鱼（*B. barbus*）和2个高度特化的裂腹鱼聚为一支，自展支持率为66%，银高体鲃（*B. gonionotus*）与鲤亚科和裂腹鱼亚科聚为一支，然后与另外两个种三斑鲃（*B. trimaculatus*）和异斑小鲃（*P. ticto*）两姐妹群聚在一起，然后与野鲮鱼亚科共同构成鲃系。在鲃系中，两个高度

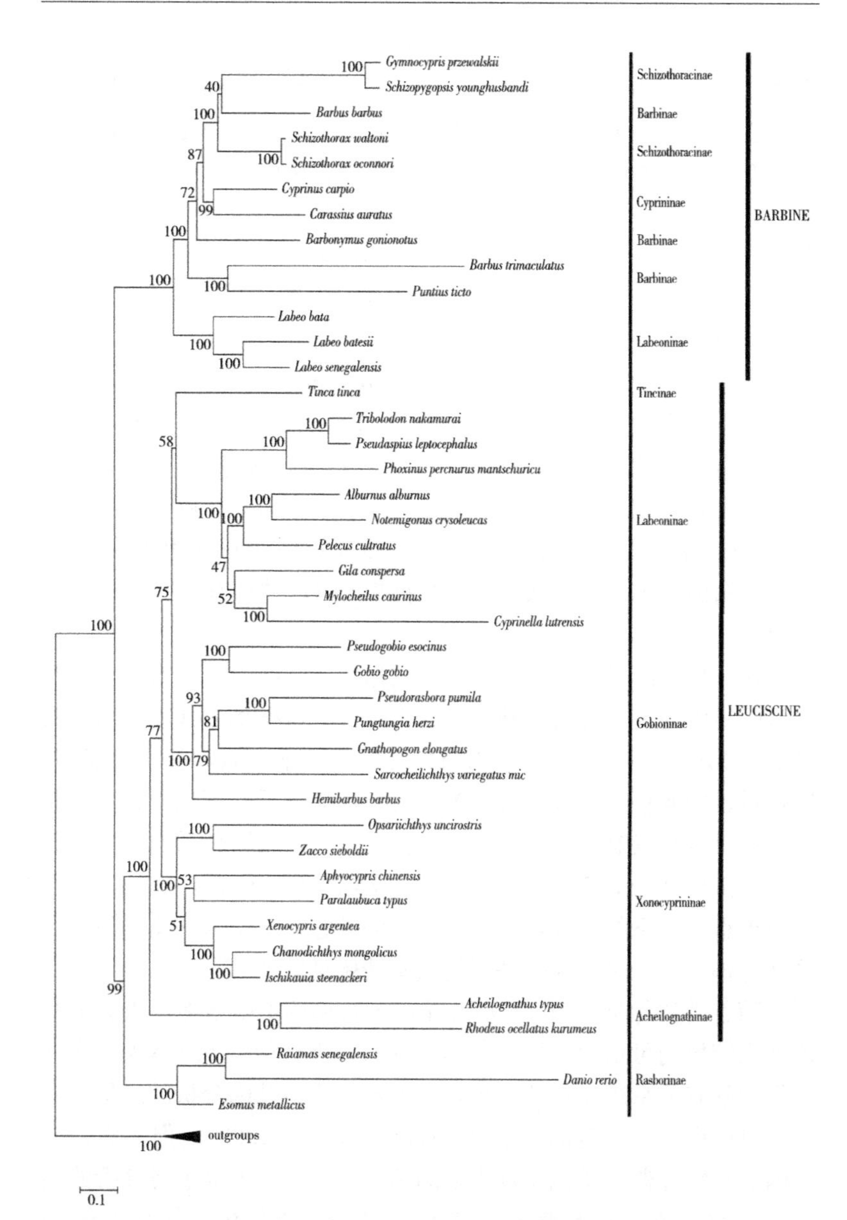

图 3-3　基于 rRNAs & PCGs 数据集的最大似然树

注：节点数字代表自展支持率。

特化的裂腹鱼聚在一起，两个原始类群的裂腹鱼聚在一起，证明它们之间的形态和分子数据关系一致，然后与鲃亚科和鲤亚科聚在一起，表明鲤类、鲃类和裂腹鱼类密切相关构成一个分支然后再与野鲮鱼亚科共同构成鲃系。雅罗鱼系也是鲤科中的一个单系类群，自展支持率为100%。在雅罗鱼系中，可以辨别出几个明显的分支。其中，雅罗鱼亚科和鮈亚科互为姐妹群；丁鱥没有和雅罗鱼亚科先聚为一支，而是和鳑鲏亚科互为姐妹群，聚为一支，但是自展支持率不高（43%）。对比之前的MP树和基于rRNAs & PCGs数据集构建的最大似然树，丁鱥的系统位置仍然不能确定；雅罗鱼亚科与鮈亚科先聚为一支，其自展支持率不高（47%）；鲴亚科位于雅罗鱼系的基部，自展支持率为100%。波鱼亚科（Rasborinae）的银鱼（*R. senegalensis*）、斑马鱼（*D. rerio*）和金光飞鲤（*E. metallicus*）的系统位置和基于rRNAs & PCGs数据集的最大似然树的结果完全一致。基于数据集PCGs的核苷酸ML树见图3-4。

在分析系统发育关系中，由于数据集PCGs的基因均来自线粒体基因组中的蛋白质编码基因，故本研究对数据集PCGs构建了氨基酸的ML树，树的拓扑结构与核苷酸树基本一致，裂腹鱼亚科、鲤亚科、鲃亚科和野鲮亚科聚为一支，形成鲃系；丁鱥、雅罗鱼亚科、鮈亚科和鲴亚科聚为一支形成雅罗鱼系，雅罗鱼系内部类群的关系更接近基于rRNAs & PCGs数据集的ML树拓扑结构。波鱼类位于雅罗鱼系的基部，和雅罗鱼系的其它亚科聚为一支然后和鲃系互为姊妹群。蛋白编码基因的氨基酸树见图3-5。

随着动物各类群的mtDNA全序列数据的不断增加，将会不断增加系统树的可信度（Li et al.，2006）。那么依据mtDNA全序列所得到的有关系统发育的结果是否会被细胞核基因分析的结果所支持，目前尚存在一定的争议（Saceone et al.，1999），但多数用核基因对动物种群的系统发育重建的结果与mtDNA全序列分析的结果相一致。鱼类遗传信息主要储存于核DNA中，如果能结合核DNA和线粒体DNA遗传信息构建系统发育树，相互印证，相互

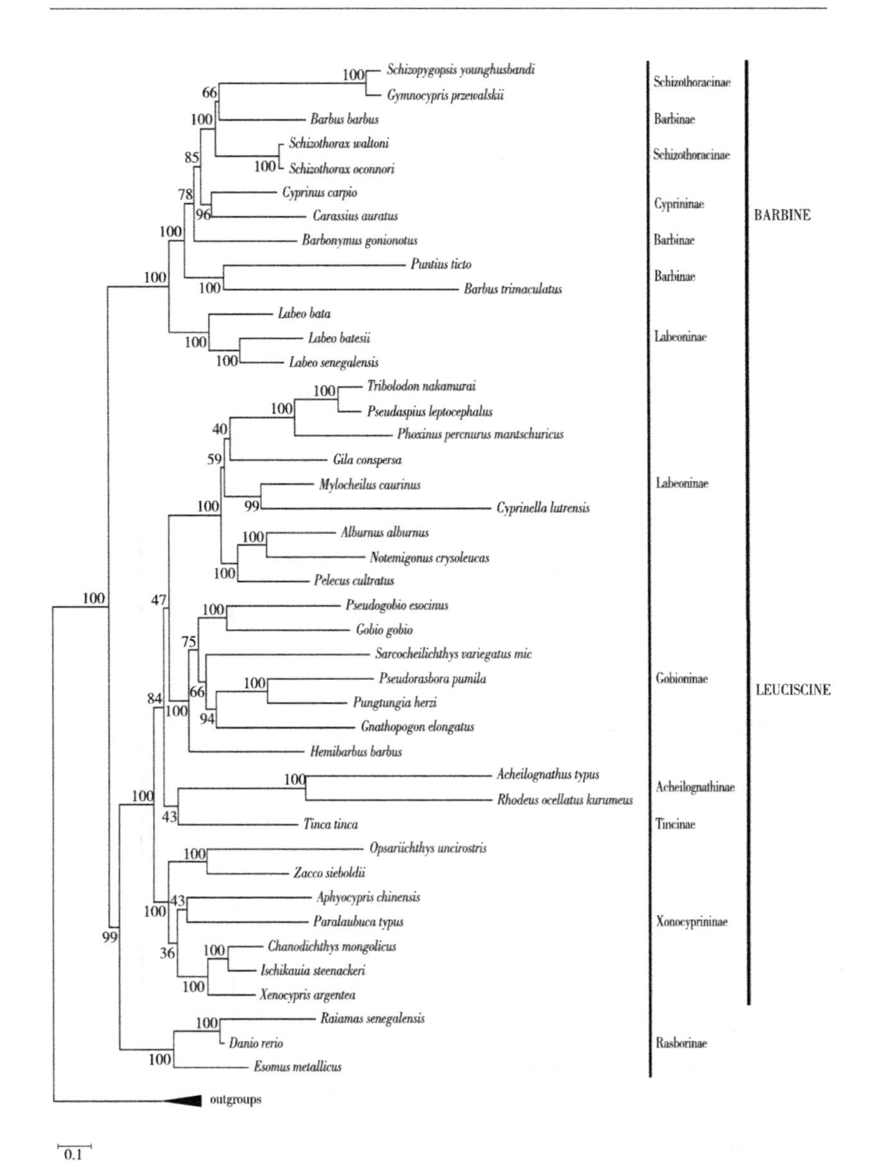

图3-4　基于PCGs数据集核苷酸序列构建的最大似然树

注：节点数字代表自展支持率。

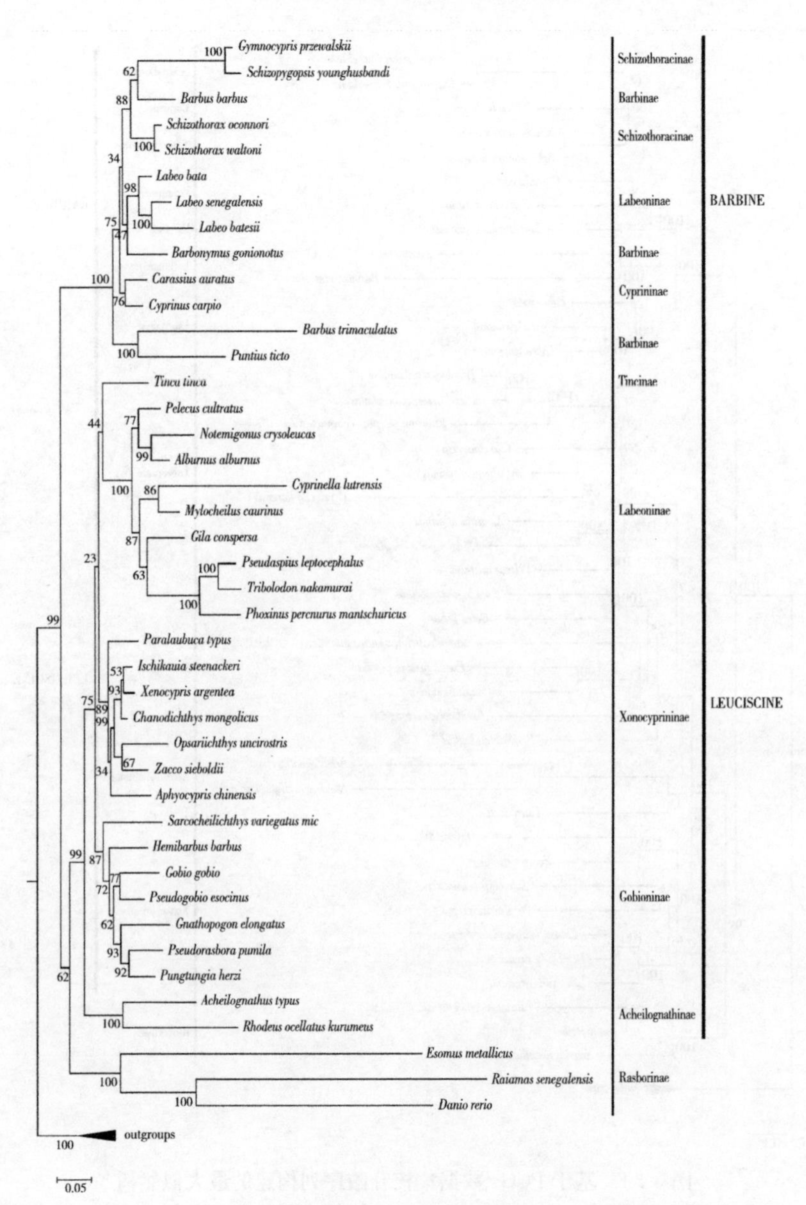

图 3-5　基于 PCGs 数据集氨基酸序列构建的最大似然树

注：节点数字代表自展支持率。

补充，那么就有可能获得真树（Sun et al.，2006）。于是，本实验测序核基因 *RAG2* 基因，然后结合 NCBI 上已公布的序列，基于 *RAG2* 基因重建鲤科系统发育关系。

3. 基于核基因 *RAG2* 的系统发育分析

RAG2 基因是脊椎动物进化过程中高度保守的基因，它最早出现于颌口类（Gnathostomes）中，由于 RAG2 蛋白在免疫学中起到的重要作用，*RAG2* 基因的序列变异也可以用来评价鲤科鱼类的进化关系。目前，*RAG2* 基因已经被应用于一系列不同分类学水平上脊椎动物的系统发育分析（Baker et al.，2000；Sullivan et al.，2000；Lovejoy & Collette，2001；Lewis et al.，2001；Hardman，2004）。此外，*RAG2* 基因的属性中还包括了相等的碱基频率，这也使得 *RAG2* 基因可以作为系统发育研究广泛使用的基因。

对于核基因 *RAG2* 基因序列数据的 MP 树中，鲤科相对于外类群亚口鱼科代表种先聚为一个单系类群，它的节点自展支持率为 100%。波鱼亚科 Rasborinae 的斑马鱼（*D. rerio*）最先从共同的祖先中分化出来，位于鲤科的基部，然后是鲃系和雅罗鱼系，二者互为姐妹群。鲃系是一个单系群，其中包括了一对姐妹群分支，即野鲮鱼亚科的南亚野鲮（*Labeo rohita*）、云南野鲮（*Labeo yunnanensis*）和杜氏野鲮（*Labeo dussumieri*）、拉贾斯坦野鲮（*Labeo rajasthanicus*）聚成的分支和鲤亚科、鲃亚科和裂腹鱼亚科聚成的分支共同构成鲃系。在鲃系中，裂腹鱼亚科中的两个原始类群拉萨裂腹鱼（*S. waltoni*）和异齿裂腹鱼（*S. oconnori*）首先聚为一支，形成一个单系群，裂腹鱼亚科中的另外两个高度特化的类群青海湖裸鲤（*G. przewalskii*）和拉萨裸裂尻鱼（*S. younghusbandi*）聚在一起，形成一个单系类群；鲤鱼和高身鲫形成一个单系群；野鲮鱼亚科的 4 个种聚成一支，形成一个单系群；鲃亚科的几个物种比较特殊，由分析结果可知鲃亚科不是单系群，其中的鲃鱼（*B. barbus*）和原始等级的裂腹鱼类聚为一支，但自展支持率不高，为 42%，其它 4 个种聚为一支和鲤亚科互为姐妹群。在鲃系中，两个高度特化的裂腹鱼聚在一起，两个原始类群的裂腹鱼聚在一起，证明它们之间的形态和分子数据关系一致，然后与鲃亚科和鲤亚科聚在一起，表明鲤类、鲃类和裂腹鱼类密切相关构成一个分支，然后再与野鲮亚科共同构成鲃系。雅罗鱼系是鲤科中的另一个单系类群，该节点的自展支持率为95%。雅罗鱼系中可以辨别出几个明显的分支。鲴亚科和鲌亚科互为姐妹群，聚为一支然后和雅罗鱼亚科聚为一支；鳑鲏亚科中的 *Paracheilognathus meridianus* 和鳑鲏属的 *Rhodeus* sp. 聚为一支形成一个姐妹群，然后和丁鱥聚为一支；丁鱥位置较为特殊，没有和雅罗鱼亚科最先聚为一支；雅罗鱼亚科与鲴亚科、鲌亚科聚为一支，与鮈亚科、鳑鲏亚科和丁鱥亚科的祖先支互为姐妹群。基于数据集 *RAG2* 基因序列的 MP 树见图 3-6。

对于核基因 *RAG2* 基因的序列数据，使用 RAxML v7.2.6 软件构建最大似然树，最大似然值为−7 136.588 264。ML 得到的分支树中和 MP 树的拓扑结构基本一致，但是波鱼类个别亚科的系统位置有差异。

基于核 *RAG2* 基因得到的 ML 树，鲤科相对于外类群中亚口鱼科（真骨鱼：鲤形目）的代表种先聚为一个单系类群，它的节点自展支持率为100%；鲃系和波鱼类聚为一支（自展支持率仅为59%）然后和雅罗鱼系互为姐妹群。鲃系是一个单系群，其中裂腹鱼亚科的3个高度特化等级的裂腹鱼聚为一支，其自展支持率为100%，异齿裂腹鱼（*S. oconnori*）和拉萨裂腹鱼（*S. waltoni*）两个原始等级的裂腹鱼聚为一支，自展支持率为100%，这与前人的形态和分子数据结果一致。其中，鲃鱼（*B. barbus*）首先与原始等级的裂腹鱼互为姐妹群，然后才与高度特化等级的裂腹鱼聚为一支；在雅罗鱼系中，丁鱥首先从雅罗鱼系中分化出来，位于雅罗鱼系的基部，自展支持率为85%，支持丁鱥独立为丁鱥亚科。雅罗鱼系还明显包括了另外几个亚科类群。鲌亚科和鲴亚科互为姐妹群，然后和雅罗鱼亚科聚为一支，但是自展支持率不高，仅为42%。鳑鲏亚科和鮈亚科各自聚为单系群，两个类群互为姐妹群，其节点自展支持率为41%，雅罗鱼系内部各亚科类群的分支关系

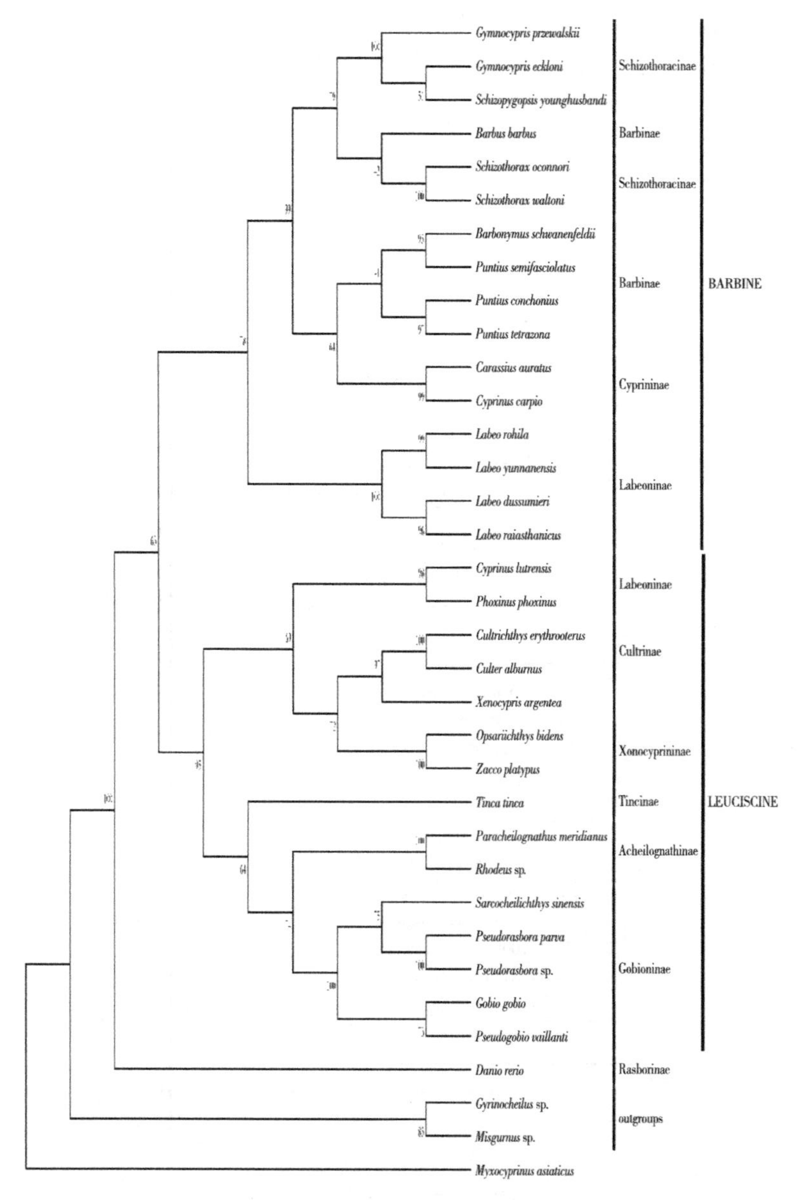

图 3－6　基于 RAG2 基因构建的最大简约树

注：节点的数字代表自展支持率。

得到的自展支持率均较低，所以，雅罗鱼系内部各亚科的分支关系不能确定。基于 *RAG2* 基因的最大似然树见图 3－7。

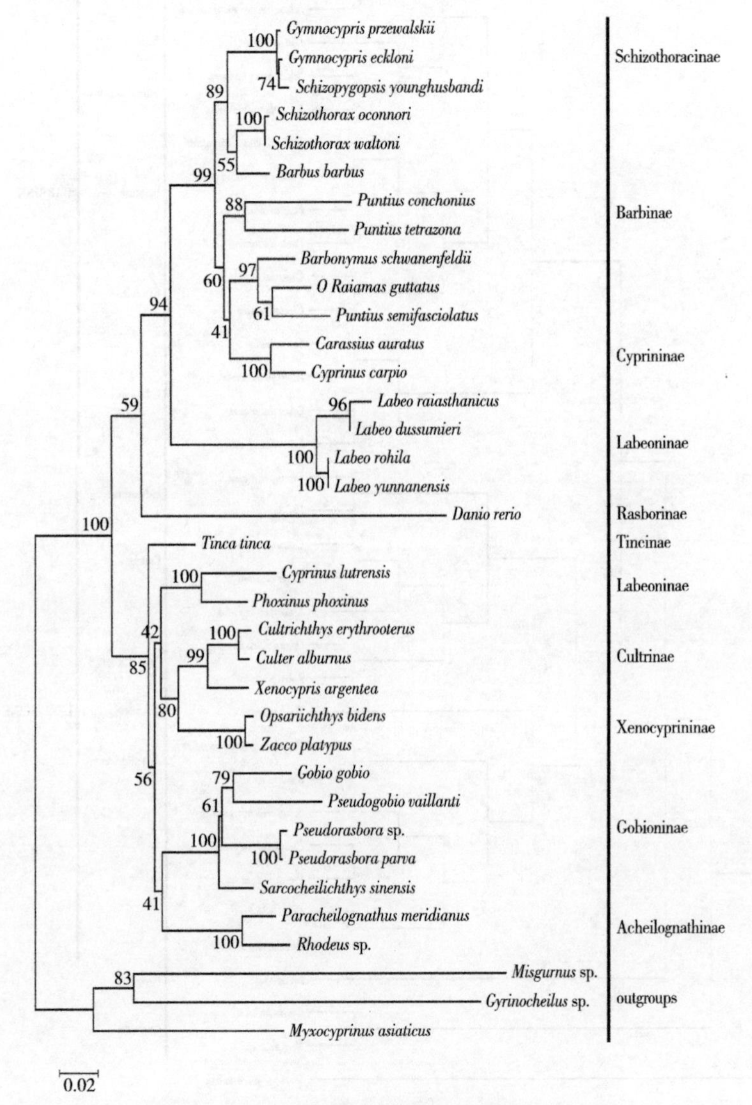

图 3－7　基于 RAG2 基因构建的最大似然树

注：节点的数字代表自展支持率。

三、分歧时间估算

为了估算分歧时间，依据系统发育统计检验结果，选择基于数据集 rRNAs & PCGs 的 ML 树来进行分歧时间的估算。估算分歧时间标定点参照文献 Saitoh 等（2011）。对鲤形目中 5 科 63 个物种基于数据集 rRNAs & PCGs 构建 ML 树，鲤科首先聚为一支，自展支持率为 100%。其次，和鲤科互为姐妹群且亲缘关系较近的亚口鱼科的 8 个物种聚为一支，自展支持率为 100%。鳅科、平鳍鳅科和双孔鱼科关系密切，各自聚为一支，和 Saitoh 等（2011）构建的系统发育树拓扑结构一致。采用 PAML4.1 中的 MCMCTREE 程序计算获得鲤科的起源时间为 117.52Mya（110.86～125.76Mya），结果见图 3－7，鲃系的分化时间为 85.80Mya（76.90～95.32Mya）（图 3－8、表 3－7），裂腹鱼亚科

表 3－7　基于 rRNAs & PCGs 联合基因估算鲃系分歧时间及 95%的置信区间

节点	中位数（Mya）	平均值（Mya）	95%CI（范围）
1	85.66	85.8	76.9～95.32
2	80.05	80.25	72.1～89.48
3	75.06	75.21	67.26～84.04
4	68.27	68.44	60.83～76.98
5	59.31	59.39	51.73～67.55
6	51.97	51.93	43.77～60.15
7	13.45	13.58	9.69～18.24
8	5.68	5.78	3.9～8.2
9	58.3	58.32	49.6～67.26
10	59.28	58.44	51.16～68.56
11	40.93	41.57	32.58～55.02
12	55.16	56.23	49.02～68.78

注：节点对应于图 3－7 中所指，时间单位为百万年。

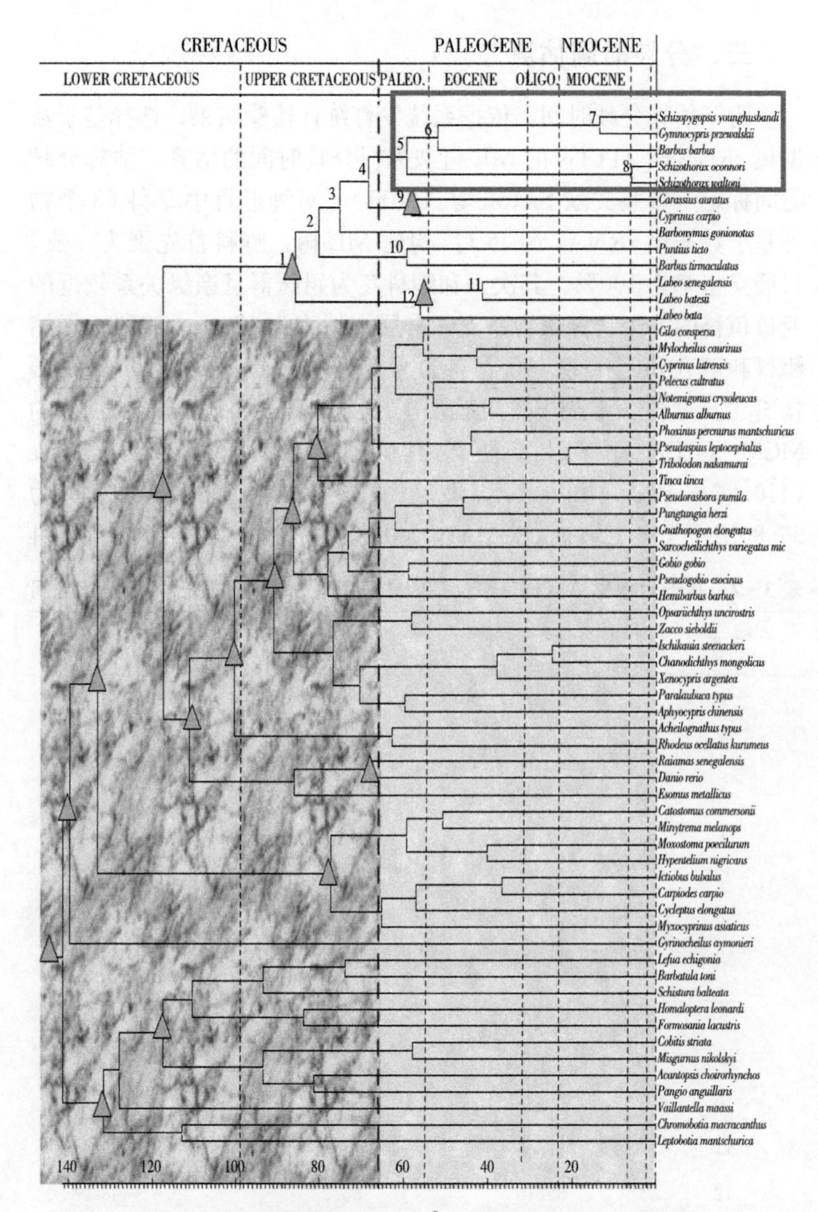

图 3-8 基于数据集 rRNAs & PCGs 构建的最大似然树

注：▲表示估算分歧时间的标定点。

的分化时间是 59.39Mya（51.73～67.55Mya）（同上），野鲮亚科的分化时间是 56.23Mya（49.02～69.78Mya）（同上）。对于雅罗鱼系中，雅罗鱼亚科和丁鱥的分歧时间是 80.55Mya（74.80～86.29Mya），鲴亚科从雅罗鱼系中分化出来的时间是 91.11Mya（85.00～97.45Mya）。波鱼类是鲤科中较为古老的类群，最早从鲤科中分化出来的时间为 111.16Mya（104.91～118.61Mya）。本研究中的裂腹鱼亚科类群和鲃亚科、鲤亚科、野鲮亚科等亲缘关系较近，表 3－7 主要列出鲃系中各亚科物种的分化时间。

基于裂腹鱼类的线粒体全基因组数据量较少，为了更好地反映裂腹鱼类内部类群的分化时间，本实验继续针对图 3－8 方框中的物种从 NCBI 上寻找更足量的数据，搜索之后发现只有 *CYTB* 基因有足够大的数据量，能在一定程度上反映裂腹鱼类内部类群的系统发育关系，进而估算其分歧时间。于是下载截至 2012 年 1 月 GenBank 中裂腹鱼类所有公布物种的 *CYTB* 基因数据，序列来源参照表 3－7。经过对位排列后选取 1 131bp，基于裂腹鱼类 *CYTB* 基因应用 RAxML v 7.2.6 构建最大似然树，*CYTB* 基因的 3 个密码子分别分析（采用的模型同上），系统发育树及各分支的分化时间见图 3－9，其中的 4 个标定信息来源于基于数据集 rRNAs & PCGs 构建的 ML 树估算的裂腹鱼亚科、原始等级的裂腹鱼、高度特化等级的裂腹鱼及拉萨裂腹鱼和异齿裂腹鱼的分化时间。基于 *CYTB* 基因估算的裂腹鱼内部主要类群的分歧时间见表 3－8。

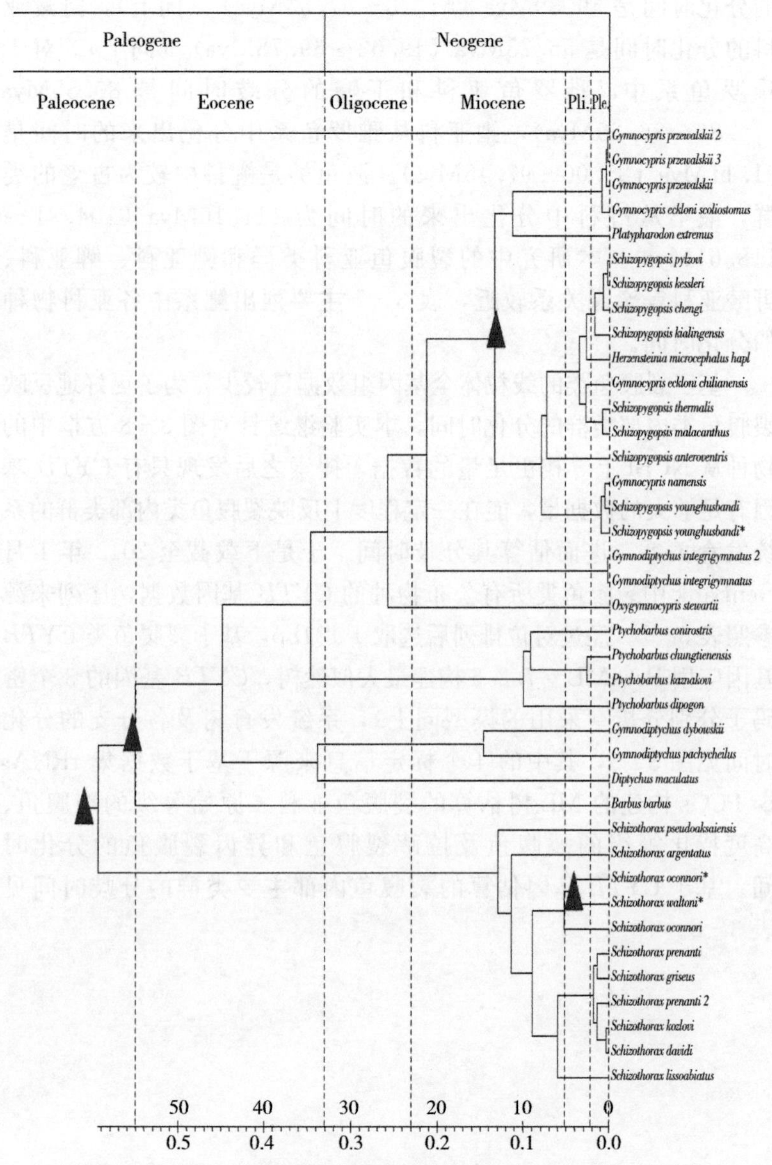

图 3-9 基于 *CYTB* 基因序列构建的裂腹鱼亚科最大似然树

注：*代表本实验自测物种，▲表示标定点。

表 3-8 基于 *CYTB* 基因对裂腹鱼亚科分歧时间的估算

节点（Node）	分歧时间（Mya）
G. przewalskii 2/*G. przewalskii* 3	0.2±0.4
(*G. przewalskii* 2+*G. przewalskii* 3) /*G. przewalskii*	0.4±0.5
G. eckloni scoliostomus/Gymnocypris	0.9±0.6
Basal to Gymnocypris	11.3±1.4
S. pylzovi/*S. kessleri*	0.2±0.4
(*S. pylzovi*+*S. kessleri*) *S. chengi*	0.7±0.6
S. kialingensis/ (*S. pylzovi*+*S. kessleri*) *S. chengi*	1.7±0.7
Schizopygopsis/*H. microcephalus*	2.7±0.8
S. thermalis/*S. malacanthus*	0.7±0.6
(*S. thermalis*+*S. malacanthus*) /*G. eckloni chilianensis*	2.7±0.8
Basal to Schizopygopsis	7.3±1.2
G. namensis/*S. younghusbandi*	0.6±0.6
S. younghusbandi * / (*G. namensis*+*S. younghusbandi*)	1.0±0.6
G. integrigymnatus 2/*G. integrigymnatus*	0.6±0.6
Gymnodiptychus/ (Schizopygopsis+Gymnocypris)	21.3±1.9
Basal to highly special schizothoracine	25.8±2.0
P. chungtienensis/*P. kaznakovi*	2.6±0.9
P. conirostris/ (*P. chungtienensis*+*P. kaznakovi*)	9.2±1.4
Basal to Ptychobarbus	10.1±1.4
G. dybowskii/*G. pachycheilus*	14.6±2.0
D. maculatus/ (*G. dybowskii*+*G. pachycheilus*)	33.8±2.4
B. barbus/special schizothoracine	44.9±2.3
S. oconnori/ (*S. oconnori* * +*S. waltoni* *)	5.2±0.5
S. prenanti/*S. griseus*	1.9±0.7
S. kozlovi/*S. davidi*	1.3±0.7
*S. prenanti*2/ (*S. kozlovi*+*S. davidi*)	6.0±1.2
S. argentatus/Schizothorax	11.4±1.4
Basal to Schizothorax	13.0±1.5

第三节 讨 论

一、序列变异及其系统发育意义

任何分子系统发育，毫无疑问最重要的就是选择合适的分子标记。目前，线粒体基因序列广泛应用于系统发育研究，但是单个基因已难以解决许多类群的系统发育关系，研究发现基因长度与系统发育性能成正相关（Miya，2001）。Zardoya 和 Meyer 对脊椎动物和哺乳动物高级阶元的系统发育分析显示 13 种蛋白质基因可用于系统发育分析（Zardoya & Meyer，1996），Saitoh 等使用线粒体全基因对鲤形目鱼类进行系统发育分析，取得重要进展（Saitoh et al.，2006，2011）。本研究中，鲤科鱼类基因序列成对比较推断的碱基替代速率同 K2P 距离进行比较的结果显示，这 3 种基因序列数据中无论转换还是颠换都没有达到饱和，因此它们能够用于鲤科鱼类的分子系统发育分析。

二、不同构树方法的比较

MP 法直接应用原始数据，不需转换为距离数据，避免不可逆转的信息丢失，建立在一种较切合实际的简单进化假设，得到的结果可能符合系统发育关系和传统分类。ML 法构建系统建树时，选择最佳进化模型可对分枝长度进行估计，是简约法做不到的，分析受到取样误差的影响比较小，该标记更能反映科级进化关系。Kumar 和 Felsenstein 研究发现当不同位点间进化速度存在差异时，MP 法和 ML 法都存在不准确性和偏向性，但是 ML 法受到的影响最小（Kumar & Felsenstein，1994）。Tateno 等通过计算机模拟研究发现，无论是否加权，ML 法都比 MP 法好（Tateno et al.，1994）。Huelsenbeek 研究发现，无论是否偏离假设，ML 都比 MP 和 NJ 稳定（Huelsenbeek，1995）。本研究对 42 种鲤科鱼类两组线粒体基因数据集 rRNAs & PCGs、PCGs 以及核 *RAG2* 基因分别以最大简约法（MP）和最大似然法（ML）进行了系统发育关系重建，结果表明，上述两种方法所得到的系统树基本一致，但最大似然法（ML）获得的自展支持率要大于最大简约法（MP），能更好地反映鲤科的系统发育关系。此外，两种构树方法基于不同的数据集，系统发育树的拓扑结构基本一致，但是在部分有争议的亚科间仍然存在差异。

本实验所测序的3种裂腹鱼属于鲃系中的裂腹鱼亚科，为单系群。线粒体数据和核基因数据一致表明鲃系包括裂腹鱼亚科、鲃亚科、鲤亚科和野鲮鱼亚科，亚科间系统发育关系明确，其中，裂腹鱼亚科中高度特化等级的青海湖裸鲤和拉萨裸裂尻鱼，互为姊妹群聚为一支，而原始等级的异齿裂腹鱼和拉萨裂腹鱼姊妹群聚为一支，这与基于形态和分子数据所得的结论相同。

三、亚科间的进化分析

一直以来，鲤科系统发育研究的目标就是要提供一个系统发育树，以便能够通过它来更好地理解鲤科鱼类的演化历程。近年来，分子系统学逐渐成为鲤科鱼类系统发育研究中的一个热点和发展趋势。本研究采用线粒体全基因组作为分子标记，研究鲤科鱼类的系统发育关系。

在本研究中，选取数据集 rRNAs & PCGs、数据集 PCGs 和核 *RAG2* 基因建立系统树（MP、ML），系统树整体依然支持 Cavender & Coburn（1992）和陈宜瑜等（1998）亚科分类系统。关于波鱼亚科，无论是基于线粒体基因的数据集还是核 *RAG2* 基因序列，MP 树均支持波鱼类首先从鲤科中分化出来，位于鲤科基部，而 ML 树则成为雅罗鱼系的基部类群。波鱼亚科不同的聚类结果可能由于其不是一个单系类群（Gilles et al.，1998），所以分析方法和取样不同，就会导致不同的进化关系，因此，波鱼亚科的系统位置以及单系性的认识需要尽量选取更加全面的代表物种进行深入的研究。关于鲃系，形态学研究认为，鲃系中的分类单元属于1个鲤亚科（Howes，1991）或者分别属于3个甚至4个亚科，即野鲮鱼亚科、鲃亚科、裂腹鱼亚科和鲤亚科（Arai，1982；陈湘粦等，1984；Cavender & Coburn，1992；陈宜瑜，1998）。分子系统发育研究结果有力地支持了鲃系是1个单系类群，其中包括了野鲮鱼亚科、鲤亚科、鲃亚科和裂腹鱼亚科。所有的分析结果均显示鲃鱼与裂腹鱼亚科的关系较密切。线粒体联合基因数据集的MP树支持两个不同分类等级的裂腹鱼分别聚为一支，互为姊妹群，然后和鲃鱼（*B. barbus*）聚在一起，自展支持率较高（>90%），而ML树中，鲃鱼（*B. barbus*）与高度特化等级的裂腹鱼聚为一支，然后才和原始等级的裂腹鱼聚为一支；而基于核基因*RAG2*的无论MP树还是ML均支持鲃鱼（*B. barbus*）与原始等级的裂腹鱼亲缘关系较近，但是两者的自展支持率均低于50%。结果表明，鲃鱼（*B. barbus*）与裂腹鱼亚科亲缘关系较近，但具体的系统发育位置无法确定。关于雅罗鱼系，鳑鲏亚科在基于数据集rRNAs & PCGs的系统发育树中，最先从雅罗鱼系中分化出来，位于雅罗鱼系的基部，自展支持率为100%；形态学研究在此问题上没有一致的观点，最早的研究陈湘粦等（1984）认为丁鱥是鲃系中的原始类群；Cavender和Coburn则认为它是雅罗鱼类亚科中最基部的类群（Cavender & Coburn，1992）。近年来的分子系统发育研究也涉及到了丁鱥在鲤科中的系统位置。其中一些研究，丁鱥的系统位置由于其分支节点的支持率通常较低而没有能够明确地解决（Howes，1991；Briolay et al.，1998；Gilles et al.，1998；Zardoya & Doadrio，1998）。另一些研究对丁鱥的系统位置进行过讨论，但是也没有一致的意见。Hanfling & Brand认为，丁鱥同鲌类（Atnual）和雅罗鱼类组成的系群之间的关系较远，应该包括在鲤亚科内（Hanfling & Brand，2000）；Gilles等则认为丁鱥是鲤科中除去波鱼类和鲤类之后剩余类群的姊妹群，但是他们的研究中包括的分类单元较少，而且没有包括亚洲种类（Gilles et al.，2001）；Liu和Chen虽然指出丁鱥属于雅罗鱼系群，但是也没有解决丁鱥在雅罗鱼系中的确切位置（Liu & Chen，2003）。Wang指出丁鱥是雅罗鱼系最基部的类群，属于独立亚科（Wang，2005）；Ling将丁鱥归于雅罗鱼科（Ling et al.，2006）；Zhang等和

Mayden 将丁鱥独立成丁鱥亚科（Zhang et al.，2009；Mayden，2009），Saitoh 等研究表明丁鱥属于雅罗鱼系，但是亚科间具体的系统位置不能确定（Saitoh et al.，2011）。到目前为止，已有的分子生物学数据都没有足够的有力证据来解释丁鱥在鲤科中的系统位置。综上所述，本研究认为丁鱥应该置于雅罗鱼系中，然而丁鱥在雅罗鱼系中的系统位置还需要进一步的研究取样，同时选用合适的遗传标记来明确其系统位置。所以，雅罗鱼系内部类群的关系还需要进一步研究确定。

基于数据集 rRNAs & PCGs、数据集 PCGs 和核 *RAG2* 基因建立的系统树（MP、ML）都没有完全解决鲤科内部分类单元的深层分支关系。对于分子系统发育研究在解决分类单元系统发育关系时所遇到的分支节点支持率偏低的问题，通常有如下的解释（Gilles et al.，1998）：①基因渐渗（Introgression）而产生的非同源相似（Homoplasy）、物种以及种群之间的网状进化（Reticulate Evolution）；②物种辐射（Radiation），即在一个短的时间间隔内显著的物种多样化；③数据矩阵的设计，比如分类单元的数目相对于信息位点的数目过高时将不支持高的自展分析比例（Sanderson，1989；Lecointre et al.，1993，1994）。然而本研究选取的鲤科类群的物种间 DNA 序列相对较小的变异暗示了分析结果的不明确，这显然为 MP 和 ML 分支树中鲤科类群中部分分支节点较低的自展支持率给与证实。鲤科系统发育研究结果还需要分子生物学证据和形态学研究结果的有效结合。虽然分子系统发育研究丰富和完善了我们对鲤科鱼亚科间单系性的认识，但是要最终得到鲤科详尽的分类系统，在将来的研究中应增加分类单元的取样量和代表性，对线粒体基因组序列遗传信息进行序列和结构的深入分析，积累分子数据，重点对争议物种深入研究，统筹分子和形态数据，使抽样更加合理，结构和形态的考虑达到平衡，基于此，在生物信息处理中，根据不同数据集各自的进化特点选择适合的进化模型，以更好地解决鲤科鱼类的系统发育关系，从而得到真正的进化树，解释鲤科鱼类的起源和演化历程。

四、裂腹鱼亚科的分支发生事件

线粒体 RNA 序列由于环区经受的选择压力小，进而进化速度快，遗传信息量高，RNA 茎区比较保守，在多重比对时用于精确定位。因而，本实验中将 RNA 联合 12 个蛋白质编码基因［位于重链（H-chain）上］重构鲤科的系统发育树，估算鲤科各类群的分歧时间，为鲤科的起源进化研究，特别是裂腹鱼类的演化历程提供分子数据的有力支持。

进化生物学的研究重点之一就是分析物种分歧时间，由分歧时间可以推测影响物种形成的环境变迁及其导致的地理隔离事件。然而，有关裂腹鱼类的分歧时间和物种形成原因至今尚无定论。He 等研究表明，青藏高原的隆升导致高原环境发生剧烈的变化是特化等级裂腹鱼类分化的主要原因（He et al.，2004）。地质学研究表明，在藏南主碰撞带内，印度—亚洲大陆碰撞开始的时间为 70～65Mya，完成的时间在 40Mya 左右，这个时期称为同碰撞期，40Mya 之后转入后碰撞期（Mo et al.，2002，2003，2006，2008，2009；Wu et al.，2007）。近些年来，关于高原隆升的研究有了显著的进展，得到了一些共识，约 60～35Mya（古新世—始新世）、25～17Mya（渐新世—早中新世）、12～8Mya（中新世中晚期）和大约 5Mya 以来（上新世以来）4 个主要强构造隆升剥露阶段（Mo et al.，2010）。本研究中，根据估算的裂腹鱼亚科类群分支发生的时间，可以发现裂腹鱼亚科特有类群的分支发生事件和青藏高原的隆升是密切相关的。裂腹鱼亚科从鲤科中分化出来的时间大约在 51.7～67.5Mya 前，正是印度—亚洲大陆碰撞形成青藏高原的初期。

根据分子钟校正，至少可以初步推测裂腹鱼类群中特化等级的类群起源于渐新世和中新世之间，推测这个类群的物种分化与青藏高原的 3 次隆升直接相关。在众多关于分阶段高原隆升的研究中，高原在 7～8Mya 以来发生了整体性的隆升得到了共识。亚洲季风的进化阶段与青藏高原隆起的阶段密切相关（刘晓东，1999；An et al.，2001）。亚洲气候的进化大约经历了3个主要阶段（An et al.，2001）：首先，大约于9～8Mya前，亚洲内陆干旱增加，印度和东亚季风开始；其次，东亚冬季风和夏季风的继续强烈化大约是在3.6～2.6 Mya前；最后，大约在2.6Mya前，印度和东亚夏季风减弱而东亚冬季风则继续加强，东亚季风系统稳定建立。根据估算的裂腹鱼类群分支发生的时间，可以发现裂腹鱼亚科中高度特化等级类群的分支发生事件和东亚季风性气候的进化是密切相关的。裸鲤属4个物种的分化时间主要集中在0.2～0.9Mya前，裸裂尻鱼属8个物种的分化时间集中在0.2～7.3Mya前。因此，高度特化等级裂腹鱼现生种类的分支发生时间是在青藏高原隆起过程中伴随着东亚季风气候的出现而开始的。

在高度特化等级裂腹鱼类群的现生种中，最近的分支发生事件可以追溯到0.2～0.4Mya前，属于里斯冰期。因此，高度特化等级的裂腹鱼类群的物种分化过程中一些现生物种的分支发生事件还受到了第四纪冰期的影响。第四纪时期，冰期和间冰期的交替转换在一定程度上加速了高度特化等级裂腹鱼类群在青藏高原的繁荣。一些学者通过分子系统进化分析和生物地理学揭示了东亚鲤科鱼物种——赤眼鳟类、鳡类、鲢类、鲌类和鲴类在中国东部地区的繁荣与里斯冰期有关（Wang et al.，2005），裂腹鱼类线粒体rRNAs & PCGs的研究结果也支持这一假说。

当然值得注意的是，正如Vences等所强调的“考虑到分子钟估算的固有局限性，基于分子数据估算的类群之间的分歧时间应当谨慎看待”（Vences et al.，2001）。分子进化的速率在不同的类群中变化很大，这给“分子钟”的概念提出了挑战。如果一个系统树中速率恒定的假设不能保证，系统发育推论和分歧时间估算可能会出现严重偏差，除非谱系间的速率异质性（Rate Heterogeneity）被充分考虑（Yoder & Yang，2000）。近年来，分子估算分歧时间的方法中均强调了引入多个化石校正点，以期更精确地调节分子进化速率异质性的影响和估算出更准确的分歧时间（Yoder & Yang，2004）。Saitoh等的研究中引入28个化石标定点（涉及鲤形目中的化石标定点12个）来估算系统树中各物种的分歧时间（Saitoh et al.，2011）。本研究中的参考序列主要基于上述研究结果，并选择了17个节点作为本研究的标定点，其中，Basal to *Aphyocypris* 的化石记录最近的时间为33.9Mya，我们的研究结果为51.34～68.68Mya；Basal to *Myxocyprinus* 的化石记录最近的时间为35Mya，我们的研究结果为49.60～67.26Mya。因此，有理由相信本研究中的分歧时间估算能被看作现生鲤科鱼分化时间的近似。

目前估算分歧时间的程序较多，而各程序的估算结果可能有较大的差异。采用PAML的MCMCTREE程序分析，标定点参照Saitoh et al.（2011）的研究结果，分析较为合理和可靠。本研究为进一步重建裂腹鱼类系统发育关系和探讨裂腹鱼类演化历程提供了线索。

第四节 小 结

通过对所测定的3种裂腹鱼以及GenBank中的线粒体全基因组数据分析，利用线粒体基因组rRNAs & PCGs和PCGs（不包括*ND6*基因）2组数据集对鲤科鱼类进行的系统发育研究，可以发现裂腹鱼亚科与鲤亚科、鲃亚科亲缘关系较近，原始等级的裂腹鱼和特化等级的裂腹鱼是单系群且互为姐妹群。

第四章 用线粒体全基因组探讨裂腹鱼类的适应性进化

线粒体是真核生物中重要的细胞器，通过氧化磷酸化作用，线粒体为生物体提供生命活动所需的能量，并产生热量维持动物体温的恒定（Wallace，2007）。正是由于线粒体具有重要的功能，自然选择对线粒体的作用已成为一个研究热点（Elson et al.，2004；Xu et al.，2005；Dirocco et al.，2006；Kivisild et al.，2006；Ingman et al.，2007；Sun et al.，2007；da Fonseca et al.，2008；Luo et al.，2008）。哺乳动物的线粒体基因组由 37 个基因组成，这些基因都是 OXPHOS、电子传递、线粒体蛋白合成所必需的（Boore，1999）。在公元前 340 万～160 万年的时候，青藏高原的隆升使自然环境发生巨大变化，造成了生存的选择压力（Yang et al.，2008）。青藏高原地区的高海拔使得这一地区的环境具有一些特点，比如低氧、低温、强紫外线等。线粒体对于新陈代谢和能量代谢非常重要，因而可能与一些低氧适应相关。生活在这一地区的动物对当地环境有很好的适应性，高原鼠兔暴露在低氧环境中，它会通过低氧适应机制来维持 ATP 的生成（Ma et al.，2007）。Luo 等对鼠兔的线粒体进行分析，发现了 15 个特异的氨基酸变异，这些氨基酸变异可能对高海拔缺氧环境有一定的适应性（Luo et al.，2008）。Xu 等对藏马的线粒体 DNA 进行分析，发现在所有基因中，*ND6* 基因的非同义变异是最高的，这一基因可能在高海拔适应中起到作用（Xu et al.，2007）。对藏民线粒体基因组的研究也发现了高海拔适应的相关基因（Beall et al.，2010；Yi et al.，2010；Peng et al.，2011；Simonson et al.，2011；Xu et al.，

2011；Malyarchuk，2011）。Luo 等对西藏野驴基于线粒体全基因组的 12 个重链编码蛋白的研究表明，西藏野驴的线粒体编码蛋白基因特别是 NADH 亚基中的 *ND4* 和 *ND5*，可能影响线粒体复合体及其电子传递的效率，从而有利于西藏野驴适应青藏高原的高寒、低氧的恶劣环境（Luo et al.，2012）。青藏高原地区是裂腹鱼类起源和演化的中心，该类群对青藏高原的恶劣环境有良好的适应性，本文选择 101 种鲤科及其它鲤形目鱼类，其中裂腹鱼类 38 种，基于线粒体全基因组及 *CYTB* 基因应用 PAML 程序（Yang，2007）检测适应性进化。

第一节　材料与方法

一、数据来源

本研究选用 60 种鲤形目鱼和 3 种本实验自测裂腹鱼，将其线粒体基因组的 2 个 rRNA 和 12 个 H-chain 蛋白质编码基因序列组成数据集，重建鲤科 ML 树，利用 PAML 程序（Yang，2007）检测线粒体基因组的适应性进化，本研究所用物种及 GenBank 收录号信息见表 3－3，外类群的选择参照分歧时间估算的外类群。其次，选用 38 种裂腹鱼亚科和其它鲤科鱼为研究对象，重新组成新的数据集，所用物种及 GenBank 收录号信息见表 3－4，外类群选择图 4－1 框线中除高度特化等级的裂腹鱼分支之外的另两个分支的物种。

二、dN/dS 分析

将数据集 rRNAs & PCGs 应用 MEGA5.0 进行序列对位排列后应用 Modeltest3.7（Posada，1998）程序检测最适模型；然后对这一数据集使用 RAxML v 7.2.6 软件选用 GTRGAMMAI 模型，对 1st，2nd，3^{rd}位密码子和 2 个 rRNA 分别分析，构建鲤科鱼的 ML 系统发育树；依据 PAML 软件包中 CODEML（Yang，2007）程序进行适应性进化分析。计算 ω 值及“单一速率”模型

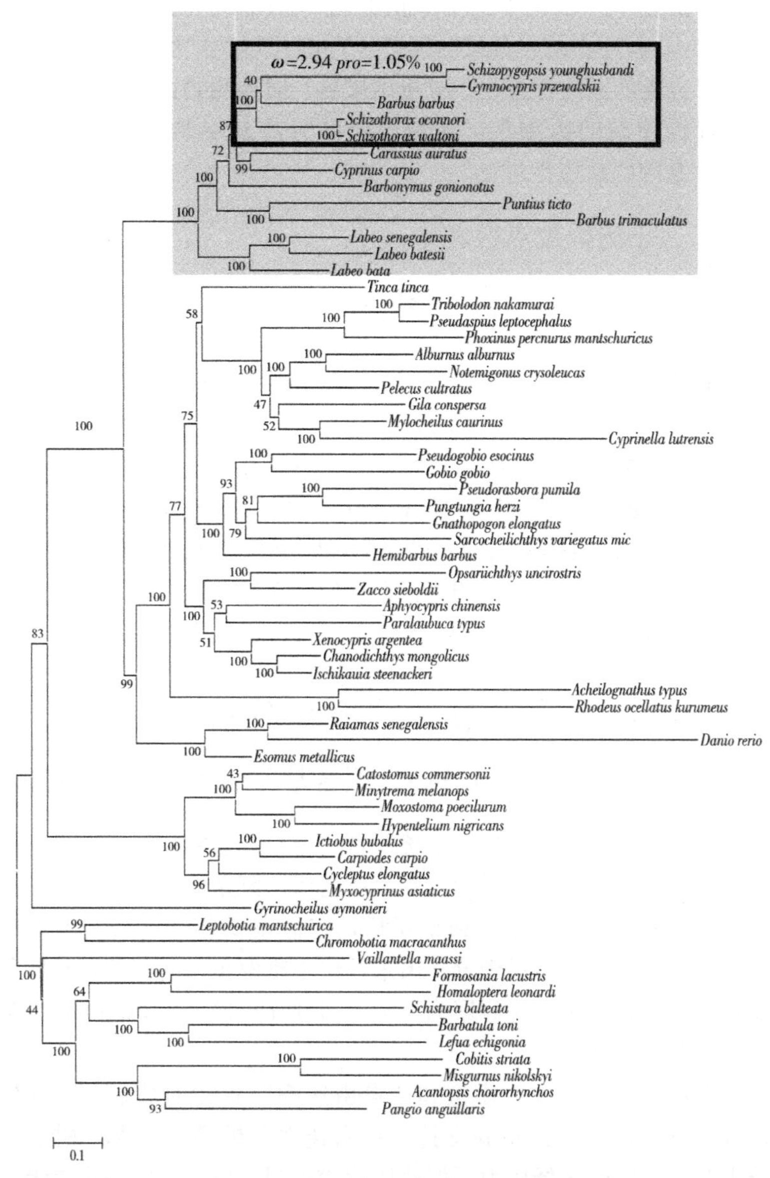

图 4-1　基于 rRNAs & PCGs 数据集构建的鲤科最大似然树

注：节点的数字代表自展支持率。

和“自由速率”模型下的 lnL 值并进行似然比检验（LRT），以 CODEML 程序中的“分枝”模型（Yang，1998）检测 ML 树中鲤科鱼各分支的适应性进化；分析结果后，对检测到正选择的分支密集取样构建新的数据集，采用同上的方法进一步检测裂腹鱼类 *CYTB* 基因的适应性进化。

三、正选择位点检测

以“分支—位点”模型（Zhang et al.，2005）检测发生适应性进化分支的正选择位点并进行 LRT 检验。为了估算不同分支上氨基酸的变异情况，使用 CODEML 重建系统发育树上每个节点的祖先序列。计算时使用的方法为最大似然法，使用的模型为 GTR+I+G 模型。根据重建的结果可以得出在不同分支、不同位点的氨基酸变异。使用在线服务器（http：//bp. nuap. nagoya-u. ac. jp/sosui/）预测线粒体蛋白的二级结构，确定每个蛋白的跨膜螺旋区域以及环结构区域，进而调查正选择位点在线粒体蛋白二级结构上的分布情况。

第二节　结果与分析

一、鲤科 rRNAs & PCGs 联合基因的适应性进化检测

本实验所得的鲤科鱼类系统发育关系与现有鲤科系统发育关系的结果相似，主要由鲃系和雅罗鱼系组成。鲃系中包括了野鲮鱼亚科、鲤亚科、裂腹鱼亚科和鲃亚科，它们密切相关，共同聚为一枝；鳅鱼类从雅罗鱼系中分化出来，位于雅罗鱼系的基部，雅罗鱼亚科、鲴亚科、鮈亚科等聚为一支。基于 rRNAs & PCGs 联合基因的 ML 树见图 4－1。

采用“单一速率”模型和“自由速率”模型对所获得的 ML 树进行分析，似然比检验支持“自由速率”模型，即 ML 树上各分支存在不同的选择压力，似然比检验表明，只有高度特化等级的裂腹鱼青海湖裸鲤和拉萨裸裂尻鱼的祖先支处被检测到正选择，即

$dN/dS>1$，其中 $\omega=2.94$，$pro=1.05\%$，虽然 $\omega=2.94$ 比较低，但是相对于 1 来讲，显然这一支的祖先物种已发生适应性进化，结果见图 4-1 中的分支。

"分枝—位点"模型对检测到正选择的分支进行正选择位点检测，经验贝叶斯方法验证一共检测到 12 个正选择位点，进一步应用在线服务器预测出发生正选择的线粒体基因所编码的蛋白质二级结构，确定具体的突变位点位于蛋白的跨膜螺旋区域还是环结构区域，拉萨裸裂尻鱼祖先分支的正选择位点检测结果见表 4-1，黑体表示编码蛋白基因突变位点位于编码蛋白的跨膜螺旋区。

表 4-1　拉萨裸裂尻鱼祖先分支的正选择位点检测结果

基因	位置	氨基酸的变异	后验概率	变异位点在基因编码蛋白二级结构
ATP6	**25th**	**A (Ala) →L (Leu)**	**0.855**	**TM**
ATP6	30th	L (Leu) →C (Cys)	0.844	L
CYTB	**238th**	**A (Ala) →L (Leu)**	**0.781**	**TM**
ND1	**159th**	**V (Val) →T (Thr)**	**0.644**	**TM**
ND2	8th	I (Ile) →A (Ala)	0.803	L
ND2	271th	T (Thr) →G (Gly)	0.877	L
ND2	**328th**	**L (Leu) →I (Ile)**	**0.602**	**TM**
ND4	**388th**	**N (Asn) →G (Gly)**	**0.514**	**TM**
ND5	29th	G (Gln) →G (Gly)	0.897	L
ND5	273th	G (Gln) →T (Thr)	0.970	L

（续）

基因	位置	氨基酸的变异	后验概率	变异位点在基因编码蛋白二级结构
ND5	543th	L（Leu）→A（Ala）	0.936	L
ND5	580th	N（Asn）→G（Gly）	0.974	L

注：TM为突变位点在蛋白二级结构的跨膜区；L为突变位点在蛋白二级结构的环区。

经PAML软件的分支—位点模型检测，本研究共检测到发生正选择的基因有*ATP6*、*CYTB*、*ND1*、*ND2*、*ND4*、*ND5*。其中，*ND4*基因的第388位检测到正选择的后验概率最小为51.4%，可靠性最差，最高的是*ND5*的273和580位点，分别为97.0%和97.4%，均大于95%。根据PAML的计算标准，后验概率>95%的检测结果比较可靠，由表4-3可以看出，*ND5*的273和580位点分别为97.0%和97.4%，可以推测*ND5*的这两个位点在选择压力的作用下发生适应性进化。同时使用在线服务器（http://bp.nuap.nagoya-u.ac.jp/sosui/）预测线粒体蛋白的二级结构，确定每个发生正选择的位点在蛋白的跨膜螺旋区域还是环结构区域。结果表明，变异位点在跨膜螺旋区和环结构区域大致相当，其中，*ND5*的两个检查到适应性进化的突变位点，其后验概率最高的变异位点均在环结构区域，详细信息见表4-1。

二、裂腹鱼亚科CYTB基因的适应性进化检测

在上节中，应用线粒体基因组中rRNAs & PCGs的分子数据构建系统发育树，然后经PAML对各分支进行适应性进化检测，其中检测到鲃系中高度特化等级的裂腹鱼青海湖裸鲤和拉萨裸裂尻鱼的祖先支发生适应性进化，进而用“分支—位点”模型检测到具体发生正选择的位点，其中*CYTB*基因的第30位点处检测到正选

择，此处的 A（Ala）变成 L（Leu），后验概率是 78.1%。基于 NCBI 中 *CYTB* 基因有庞大的数据量，重新登录 GenBank 对图 4－1 框中的物种裂腹鱼类群密集取样，即下载图 4－1 方框中 *Barbus barbus* 和裂腹鱼亚科等物种的 *CYTB* 基因序列，对位排列后，选择 1 131bp 的片段，重新组成新的数据集，使用 RAxML v 7.2.6 软件构建 ML 树，PAML 软件检测裂腹鱼亚科 *CYTB* 基因的适应性进化。

由 *CYTB* 基因数据集构建的 ML 似然树所得到的系统发育关系和 He（2004）等的研究结果相似，原始等级的裂腹鱼最先从裂腹鱼亚科中分化出来，自展支持率为 100%。特化等级的裂腹鱼和高度特化等级的裂腹鱼聚为一支，叶须鱼属位于高度特化等级裂腹鱼的基部，这和现有的形态学研究将其划分为特化等级的裂腹鱼不完全一致。本实验中所测序的拉萨裸裂尻鱼和本属的其它裸裂尻鱼属物种聚为一支；原始等级的裂腹鱼类群中，本实验所测序的异齿裂腹鱼和拉萨裂腹鱼互为姐妹群，聚为一支，然后和本属其它物种聚为一支形成原始等级的裂腹鱼类。分析方法同前，首先，应用 PAML 的分支模型对各分支进行适应性进化检测，分析中以原始的裂腹鱼和鲃鱼（*B. barbus*）为背景枝，在“前景”支中，即特化等级的裂腹鱼中没有检测到正选择。结果不同于上节中基于 rRNAs & PCGs 数据集构建的似然树的分析结果，对比之前分析的结果，可观察到在基于 rRNAs & PCGs 数据集构建的似然树分析结果中，Cytb 蛋白编码基因第 30 位点由 A 变成 L，但是后验概率仅为 78.1%，远离 PAML 中位点后验概率>95%的指导标准，降低了结果的可信程度。基于此，本研究中共检测到发生正选择的基因有 *ATP6*、*CYTB*、*ND1*、*ND2*、*ND4*、*ND5* 共 6 个，而其中的 *CYTB*、*ND1*（159th）、*ND2*（328th）、*ND4*（388th）位点的后验概率均较低，可信度低，疑为假阳性，期待更多有效的裂腹鱼类线粒体分子数据的积累，进一步验证分析结果。基于 *CYTB* 基因构建的 ML 树见图 4－2。

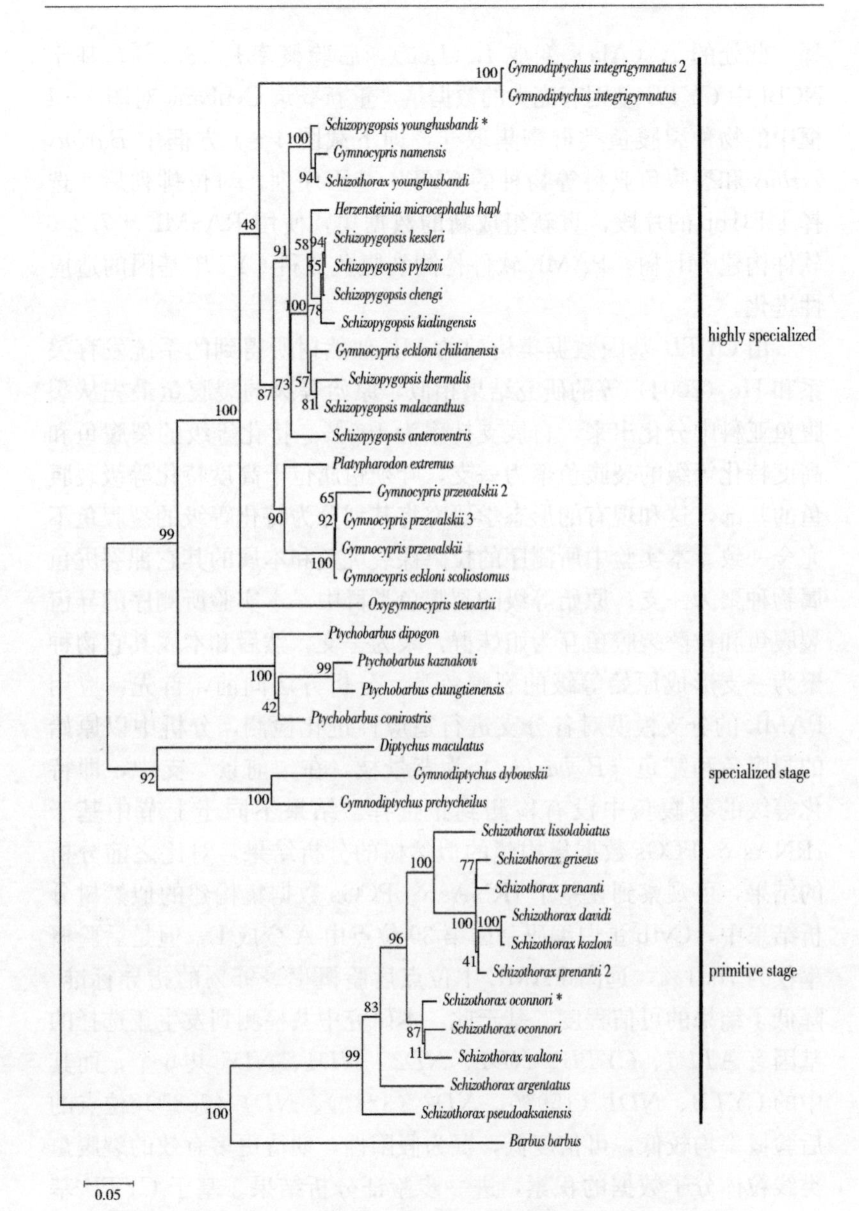

图 4-2 基于 *CYTB* 基因序列构建的裂腹鱼亚科最大似然树

注：节点的数字代表自展支持率，＊代表本实验自测物种。

第三节　讨　　论

对于一个物种而言，曾经历过的正选择是进化历史中的重大事件，因为这意味着该物种对环境中与其生存密切相关的某一因素的极大适应，也暗示着在该进化时间点某些蛋白可能产生的新功能。目前，正选择作用的检测已开始为越来越多的生物学家所重视，并逐渐成为研究各种分子生物学问题的重要方法。在本研究中，选用鲤科及鲤形目其它鱼类的线粒体基因组组成联合基因数据集构建最大似然树，对每个进化支进行适应性进化检测，在高度特化等级的裂腹鱼青海湖裸鲤和拉萨裸裂尻鱼的祖先支上检测到正选择。我们推测，在这一时期，青藏高原短期内的剧烈隆升引起了环境上的巨大变化，特别是东亚季风对高原环境的影响，生物物种相应地发生了快速的适应性进化。研究的材料从裂腹鱼类群中分化出来，演化为高度特化等级裂腹鱼类群，该类群的形态特征变化也可以证明在环境驱动下，物种为适应新的环境而发生的形态改变，如体鳞全部退化、下咽齿1～2行、触须消失等特征。研究发现，在这一时期发生分离的物种还有青藏高原的另一个重要类群高原鳅属Triplophysa，分布于新疆与高原东部水系的两个分支也在这一时期发生分离（He et al.，2006）；高原特有植物毛冠菊属Nannoglottis的两个类群也在这一时期发生分离（Liu et al.，2006）。不同类群分支发生的同时性表明它们可能是对一个共同地质事件的反映，即青藏高原曾经经历了大范围的抬升，引发高原环境发生巨大的变化，特别是高原隆升在东亚季风形成和演化过程中扮演了重要的角色（An，2000；An et al.，2001；Duan et al.，2007），而后的第四纪冰期和间冰期的交替促进了物种分化事件的发生，在一定程度上加速了高度特化等级的裂腹鱼在青藏高原的繁荣，本研究中第三章裂腹鱼类群的分化时间也佐证了这一现象。

在对不同环境或者不同功能的适应过程中，线粒体基因会发生适应性进化。基因水平的适应性进化是一个遗传群体中以一种具有较高适合度的等位基因替代另一种等位基因的过程，检测适应性进化有助于理解生物进化历史及相关结构与功能变异（Nei & Kumar，2000）。目前，*dN*/*dS* 是基于密码子水平评价选择压力的一项灵敏指标，其中 *dN*/*dS*>1 表示正选择（即适应性进化），是将因含有有利突变而提高个体适合度的等位基因固定下来的选择作用，研究正选择对理解生物进化过程具有重要意义。但是，相对大量的中性突变和净化选择而言，正选择极为少见，往往发生在密码子序列的少数位点或者某个很短历史时期，因而难以检测到（Nei & Kumar，2000；Marta et al.，2010）。Wu 等对金线鲃属（*Sinocyclocheilus*）的研究表明，金线鲃属的金线鲃（*Sinocyclocheilus grahami*）和高肩金线鲃（*Sinocyclocheilus altishoulderus*）两个种，均是穴居水栖鱼，它们的线粒体蛋白质编码基因 dN/dS 值均小于 1，在两个物种中未检测到正选择，即两个物种并没有因特殊的生活习性而发生适应性进化（Wu et al.，2010）。本研究中用“分支”模型，检测到拉萨裸裂尻鱼的祖先支发生适应性进化，然后用“分支—位点”模型检测到 6 个基因的 11 处正选择位点。在检测到的 6 个基因中，*CYTB* 基因也是被检测到的正选择位点之一，考虑到裂腹鱼亚科中取样量少，同时，基于 GenBank 中的 *CYTB* 基因数据充足，能够满足进一步分析该基因的适应性进化所需的数据量。因而下载检测到正选择的祖先分支的所有已公布的裂腹鱼类群，将原始等级的裂腹鱼作为“背景支”，再次应用 PAML 软件包检测基于 *CYTB* 基因的裂腹鱼亚科的适应性进化，分析结果显示高度特化等级的裂腹鱼类 *CYTB* 基因没有检测到正选择位点。结果不同于之前基于 rRNAs & PCGs 数据集构建 ML 树进行适应性进化分析的结果。对比两次构建系统树的取样物种和 PAML 检测的分析结果，研究表明，鉴于 *CYTB* 基因发生正选择位点的后验概率较低（78.1%），远低于 PAML 分析原则中建议的>95%，所以推测在基于线粒体 rRNAs & PCGs 数据集中的联合基因构建的 ML 树中检测到 *CYTB* 基因的变异位点属于假阳性。期待以后能获得更多有效的线粒体分子数据，进一步验证分析结果。

线粒体基因组是生物体总基因组的一小部分，而且线粒体的遗传方式为单亲遗传，因此本研究的结果只是初探裂腹鱼类基因组的进化趋势，这些结果也只是裂腹鱼类高海拔适应机制的冰山一角。为了更加全面地阐述裂腹鱼高寒、低氧等高原适应机制，下一步有必要对该物种在核基因组水平上驱动该类群的进化选择压力进行研究，进一步探讨裂腹鱼类在适应青藏高原环境胁迫中所经受的选择和进化模式。

第四节 小 结

通过对所测定的 3 种裂腹鱼以及 GenBank 中的线粒体全基因组数据分析，利用线粒体基因组 rRNAs & PCGs 和 PCGs（不包括 *ND6* 基因）2 组数据集对鲤科鱼类进行了系统发育研究，可以发现裂腹鱼亚科的分化时间大约在 51.7～67.5Mya，地质学上这一时期正值印度—亚洲大陆碰撞形成青藏高原，为青藏高原是裂腹鱼类的起源和分化中心提供了分子数据的支持。利用 PAML 对鲤科 rRNAs & PCGs 联合基因进行适应性进化检测。“分支模型”检测到拉萨裸裂尻鱼的祖先支是唯一一支可能存在正选择的分支；“分支—位点模型”检测到 6 个基因共 11 个正选择位点。

5 第五章
拉萨裸裂尻鱼肝脏cDNA文库的构建、EST测序及生物信息学分析

第一节　材料与方法

一、实验材料

拉萨裸裂尻鱼 *S. younghusbandi*（由西藏大学提供）取自西藏雅鲁藏布江下游，西藏大学扎西次仁老师带回实验室暂养 1 周后，挑选活力良好的个体，体重约 200g，取肝脏组织，用 RNAlater 液充分浸泡，冰盒保存带回本实验室。

二、实验仪器与试剂

Trizol Reagent（Invitrogen，美国），Oligotex mRNA Purification Kits，SMARTTM cDNA Library Construction Kit，SOC 培养基，主要试剂均为国产分析纯试剂。Eppendorf 公司的 5810R 型冷冻离心机及 PCR 仪器，紫外分光光度计，电泳仪。

三、实验方法

1. 拉萨裸裂尻鱼肝脏 cDNA 文库的构建方法

（1）Total RNA 提取

①取 100mg 组织样品，在预冷的研钵中用液氮研成粉末，然后转入 1. 5ml 离心管中。

②加入 1ml 的 Trizol（Invitrogen）试剂，振荡混匀，室温静置 10min，充分裂解。

③加入200μl的氯仿，剧烈震荡15s，室温静置5min。

④在4℃，12 000r/min高速冷冻离心15min。

⑤取上清于新1.5ml离心管中，加入0.5ml异丙醇，颠倒混匀，室温静置10min。

⑥在4℃，12 000r/min高速冷冻离心10min。

⑦去上清，加入1ml的75%乙醇洗涤沉淀，7 500r/min高速冷冻离心5min。

⑧重复上步1次。

⑨去上清，空气中干燥RNA沉淀，然后溶解于50μlDEPC水中，电泳检测，RNA总量为520μg。

（2）mRNA的分离

①将＞500μg的Total RNA沉淀，重悬于500μl的DEPC水中。

②加入500μl 70℃预热的OBB，用移液器混匀。

③70℃水浴3min，然后放置20～30℃ 10min。

④于室温14 000r/min离心2min，用移液器小心移去液体部分。

⑤用400μl OW2重悬沉淀，用移液器轻轻混匀，转移到1.5ml离心柱上，14 000 r/min离心1min。

⑥转移过滤柱到一新的1.5ml离心管中，加入100μl 70℃预热的DEPC水，用移液器吹打混匀，14 000r/min离心1min。

⑦转移过滤柱到一新的1.5ml离心管中，加入400μl OW2，14 000r/min离心1min。

⑧重复上步，再用水洗脱1次，合并两次的洗脱液，加入60μl的2mol/L乙酸钠，及600μl无水乙醇，颠倒混匀，置于－80℃ 15min。

⑨在4℃，14 000r/min高速冷冻离心15min，去上清。

⑩75%乙醇洗涤沉淀，4℃，14 000r/min高速冷冻离心10min，去上清。

⑪空气中晾干沉淀，最后溶于8μl的DEPC水中，取1μl电泳

检测以及测 OD 值。

经检测，实验所得 mRNA 质量满足文库要求，mRNA 总量为 6.2μg。

（3）cDNA 第一链合成　将上步加了接头的 mRNA 加入 1μl biotin－Oligo（dT）Primer（30 pmol），和 1μl 10mmol/L（each）dNTPs，1μl 5′ adapter primer 置于 65℃ 5min，降温到 42℃，2min，再加入 4μl 5X First Strand Buffer，2μl DTT（0.1mol/L），42℃，2min，然后加入 RT 酶 5μl，42℃，60min。

（4）cDNA 第二链合成　在上述反应液中按以下加入各成分：

第一链样本	20μl
10 X PCR Buffer	10μl
10mmol/L（each）dNTPs	3μl
50mmol/L Mg^{2+}	4μl
5′-primer	2μl
3′-primer	2μl
ddH_2O	58μl
Taq	1μl
总体积	100μl

置于 PCR 仪上，按照以下程序进行 PCR 反应：

95℃	5min	
94℃	30s	5cycles
66℃	30s	
72℃	8min	
72℃	20min	

PCR 产物按照目的长度切胶回收目的 cDNA 片段。

（5）cDNA 与载体的重组反应　按照以下建立重组反应体系：

cDNA	9μl
pDONR222（300ng/μl）	1μl
BP Clonase II	4μl
总体积	20μl

混匀后置于25℃，16～20h，于BP重组反应体系中加入2μl的Proteinase K，37℃，15min；75℃，10min，乙醇沉淀，溶于9μl DEPC水。

（6）电转化DH10B细胞 每3μl上步重组后质粒加入到100μl DH10B细胞中，电转化，加入2ml SOC培养基，摇菌1h，涂板检测库容量，剩下的菌液加1ml 60%甘油保存于－70℃。

2. EST测序及生物信息学分析

本研究在构建了拉萨裸裂尻鱼肝脏cDNA文库的基础上，对文库中部分克隆子进行初步的EST测序和分析，为研究拉萨裸裂尻鱼肝脏中功能基因的表达与调控情况提供依据。将本实验构建成功的拉萨裸裂尻鱼肝脏cDNA文库挑选克隆子送至上海子明生物公司测序并获得EST序列。

测序获得EST序列后，需要运用Phrp软件对EST数据进行Basecalling操作，然后用Cross-match软件去除载体序列、PolyA、过滤小于100bp的序列等操作，用Phrap程序对EST进行Contig拼接，判断所有这些EST序列最终代表了多少个单一基因（Unigene）。Singlet为与其它EST序列无法拼接的序列（即代表一个单一基因），该基因表达丰度为1；Contig是将所有具有同一性或具重叠部分的EST拼接在一起，代表一个单一基因，Contig中的EST数目即代表该基因的表达丰度。使用BLASTX程序将处理后的EST序列在蛋白质水平上与NCBI非冗余蛋白质数据库Nr（Non-redundant Protein Database）、SWISSPROT、KEGG等进行同源性比较。根据约束条件，提取注释信息。注释内容包括Contigs（或Singlets）的名称、长度，所含EST的数目及名称，匹配序列的功能注释，匹配碱基的数目，所比基因的长度、匹配率、分值及E-evalue等。同时搜索对于BLASTN和BLASTX比对没有注释结果的EST序列，作为可能的新基因片段。

第二节 结果与分析

一、总 RNA 的提取和 mRNA 分离

cDNA 文库质量取决于初始 mRNA 的完整性，初始 mRNA 的质量可以从 RNA 的质量间接判断。总 RNA 的质量主要有两点判断：①核酸吸收峰是 260nm，蛋白质吸收峰是 280nm，紫外分析通常用 OD_{260}/OD_{280} 的比值评估样品纯度比值在 1.8～2.0 之间，大于1.8 为 DNA 或 2.0 为 RNA，低于 1.8 或 2.0 表示含有蛋白质或酚类物质的影响；②甲醛琼脂糖凝胶电泳看见相应鱼核糖体 RNA18S 带，而且条带清晰。本实验使用 Trizol（Invitrogen）试剂盒提取拉萨裸裂尻鱼肝脏的总 RNA，经过凝胶电泳检测，可见清晰的 28S、18S 2 条 RNA 条带（图 5－1）。表明组织总 RNA 没有降解，提取的 RNA 质量较高。进一步用 DEPC 水稀释 100 倍后，测量 OD_{260}/OD_{280} 为 1.90，总 RNA 终浓度为 1.04μg/μl，符合实验要求，可进行后续研究。

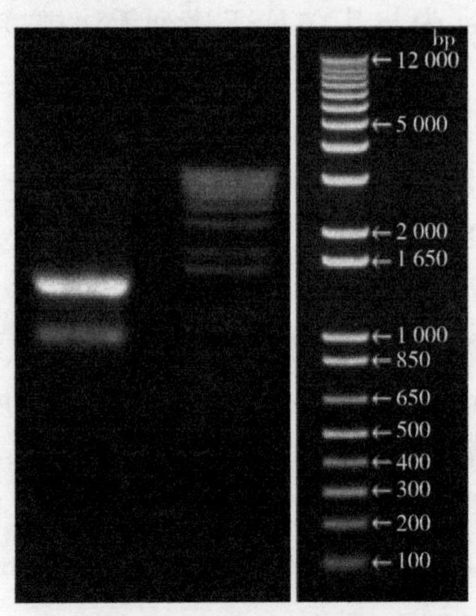

图 5－1 拉萨裸裂尻鱼（*S. younghusbandi*）肝脏总 RNA 的 1%琼脂糖凝胶电泳

Oligotex mRNA Kits（Qiagen）分离纯化样本的 mRNA，在琼脂糖凝胶电泳上可见条带分散（图 5－2），mRNA 总量为 6.2μg，说明 mRNA 的提取质量较好。

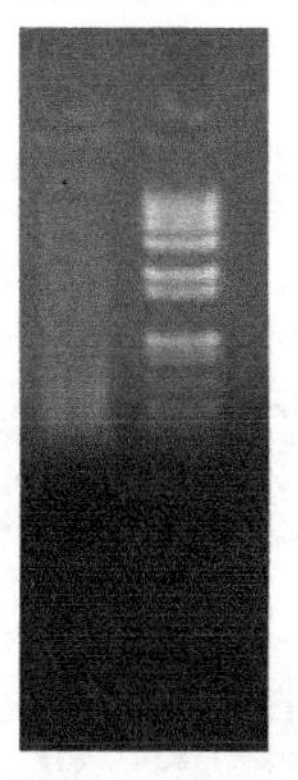

图 5－2 拉萨裸裂尻鱼（*S. younghusbandi*）肝脏 mRNA 的 1%琼脂糖凝胶电泳

二、拉萨裸裂尻鱼肝脏 cDNA 文库的构建和鉴定

将电击后菌液依次稀释到 1μl、0.1μl、0.01μl 进行涂板检测库容量，经测算，库容量为 1.86×10^6 cfu/ml，共计 6ml 菌液，总库容量为 $1.86\times10^6\times6=1.12\times10^7$ cfu（图 5－3）。

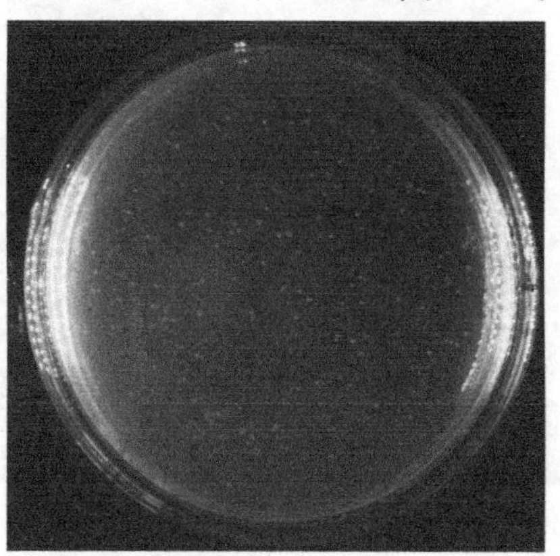

图 5－3 cDNA 文库平板鉴定（1∶1 000 稀释，涂布 50μl）

重组率大于98%。任意挑选96个菌落进行PCR反应检测插入片段长度，电泳结果显示，插入片段平均长度在1 000bp左右。所构建的拉萨裸裂尻鱼肝脏cDNA文库的质量和插入片段大小等方面均符合文库构建的质量标准，能够满足测序要求，插入片段的PCR见图5-4。

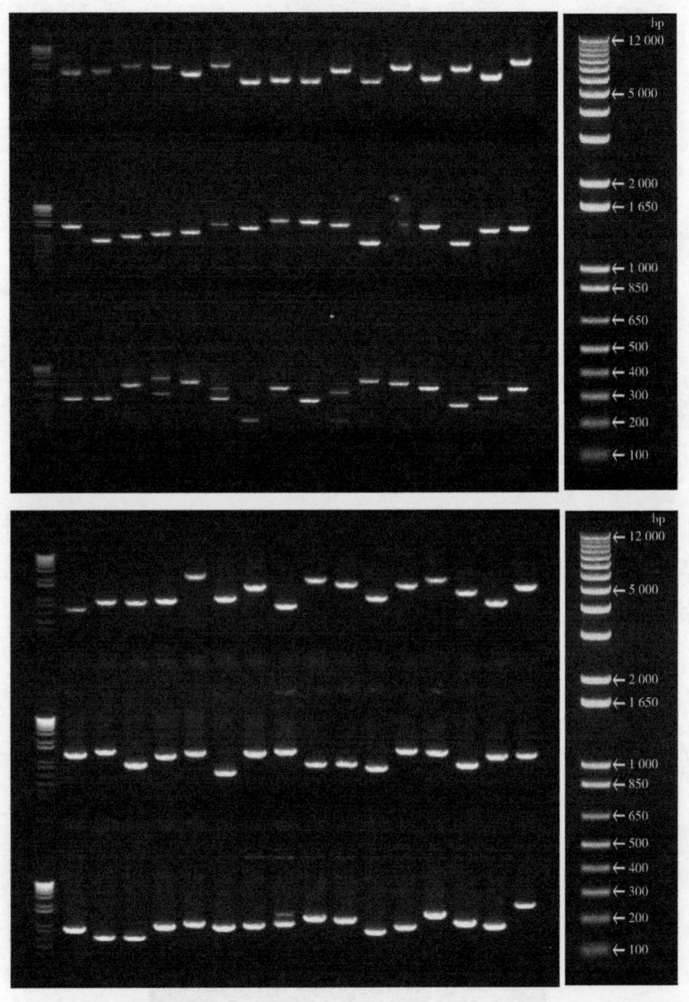

图5-4　拉萨裸裂尻鱼（*S. younghusbandi*）肝脏cDNA文库插入片段PCR验证结果

三、EST 测定及生物信息学分析

1. EST 数据分析

对本实验所构建的拉萨裸裂尻鱼 cDNA 文库中 619 个克隆子进行测序，得到 587 个序列，其中长度大于 100bp 的 EST 为 506 条（表 5-1）。从整体来看，这些片段分布比较均衡，原始序列的插入片段分布见图 5-5，将序列编辑并去除掉载体序列后得到 506 条长度在 200～1 000bp的有效序列，其分布情况见图 5-6。

表 5-1　拉萨裸裂尻鱼肝脏 cDNA 文库平均 EST 长度统计

拉萨裸裂尻鱼 肝脏 cDNA 文库	有载体的 平均长度（bp）	去除载体后的 平均长度（bp）
Sy-cDNA	829.8	655.4

注：Sy 为拉萨裸裂尻鱼 *S. younghusbandi*。

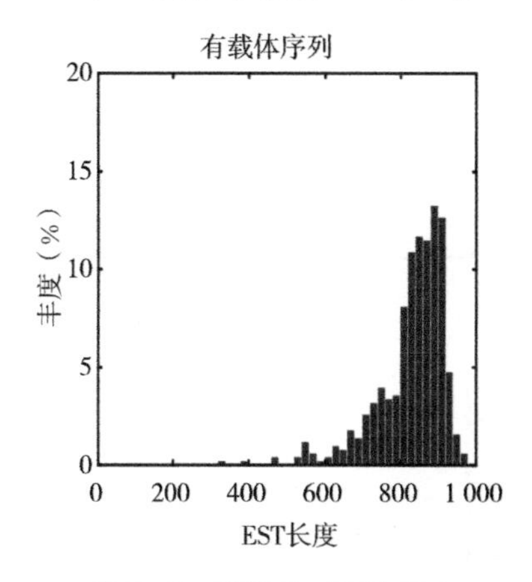

图 5-5　预选的 cDNA 插入片段大小分布

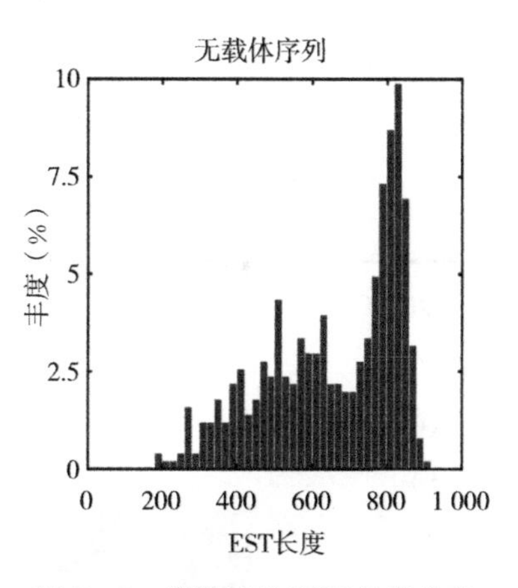

图 5-6　编辑后的 EST 长度分布

序列组装使用 Phrap 软件，组装参数为程序默认值，拼接后得到单基因（Unigene），Unigene 包括多条 EST 序列组成的重叠群（Contig）序列和不能包含在任何 Contig 中的单拷贝 EST 序列（Singleton）。本实验中，对有效 EST 片段进行拼接，获得 198 个独立基因（Unigene），包括 49 个 Contigs 和 149 个 Singlets。所获得的 198 个 Unigenes 中，最长的为 1 801bp，Unigenes 序列长度大部分在 300～900bp 之间，不同长度范围 Unigenes 数目和长度的具体分布见表 5-2，百分比见图 5-7。

表 5-2　拉萨裸裂尻鱼肝脏 EST 的特征

Cluster 的大小	Cluster 的数量	Cluster 所占百分比（%）
总 EST	506	
Clusters	198	
1	149	75.25
2	22	11.11
3	4	2.02
4～5	6	3.03
6～10	9	4.55
11～20	4	2.02
21～50	3	1.52
51～100	1	0.51
＞100	0	0

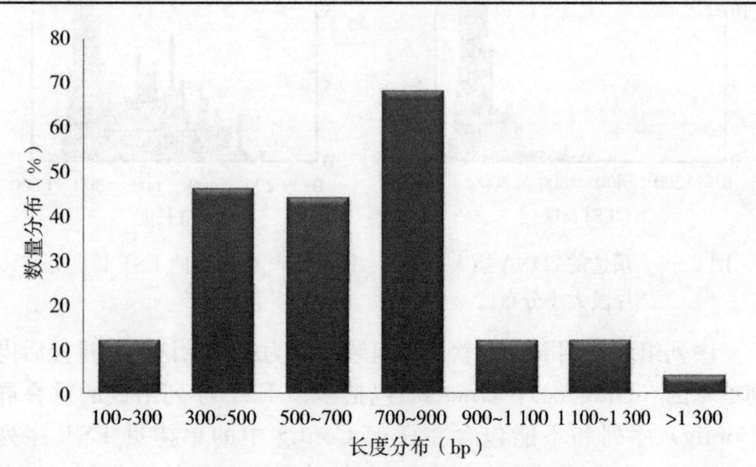

图 5-7　Unigenes 序列长度及数量统计

文库中 EST 的数目可以显示所代表基因的表达丰度，一个基因的表达次数越多，其相应 cDNA 克隆也就越多，所以通过对 cDNA 克隆的测序分析可以了解基因的表达丰度。其中表达频率<2 的基因为低丰度表达基因；表达频率<5 的基因视为中丰度表达基因；表达频率>5 的基因视为高丰度表达基因（White et al.，2000）。由此可见，拉萨裸裂尻鱼肝脏中低丰度表达的基因占比 75.25%，其中，中、高丰度表达的基因较少，占比 24.75%，表达丰度最高的为卵黄蛋白原（Vitellogenin）等，见表 5-3。由于文库没有经过均一化处理，由此得到的丰富表达的基因可以帮助我们了解拉萨裸裂尻鱼肝脏自身的代谢特点。

表 5-3　拉萨裸裂尻鱼肝脏 cDNA 文库中、高丰度表达的基因

序列号	EST 数目	E 值	注释
Unigene147	2	4.00E-28	Uncharacterized protein (*Danio rerio*)
Unigene148	2	1.00E-55	Hemoglobin beta (*Cyprinus carpio*)
Unigene149	2	3.00E-59	60S ribosomal protein L28 (*Danio rerio*)
Unigene150	2	1.00E-110	Large ribosomal protein (*Ctenopharyngodon idellus*)
Unigene151	2	3.00E-78	Fertilization envelope outer layer protein (*Cyprinus carpio*)
Unigene152	2	1.00E-141	Complement component (*Hypophthalmichthys molitrix*)
Unigene153	2	—	Cytochrome c oxidase subunit I (*Gymnocypris przewalskii*)
Unigene154	2	1.00E-119	Apolipoprotein-A-I-2 (*Hemibarbus mylodon*)
Unigene155	2	2.00E-58	Ribosomal protein L30 (*Ctenopharyngodon idellus*)
Unigene156	2	5.00E-38	Hypothetical protein (*Danio rerio*)
Unigene157	2	1.00E-129	60S ribosomal protein L8 (*Danio rerio*)
Unigene159	2	1.00E-168	Alpha-1-microglobulin (*Hypophthalmichthys molitrix*)

（续）

序列号	EST 数目	E 值	注释
Unigene160	2	1.00E-146	Fetuin long form (*Cyprinus carpio*)
Unigene161	2	2.00E-84	Heme-binding protein 2 (*Danio rerio*)
Unigene162	2	4.00E-67	Inter-alpha (globulin) inhibitor (*Danio rerio*)
Unigene163	2	1.00E-153	Transferrin variant D (*Cyprinus carpio*)
Unigene164	2	2.00E-18	Uncharacterized protein (*Danio rerio*)
Unigene165	2	1.00E-133	Alpha-2-macroglobulin-1 (*Cyprinus carpio*)
Unigene166	2	1.00E-144	Urate oxidase (*Danio rerio*)
Unigene167	3	2.00E-82	Fibrinogen alpha chain precursor (*Danio rerio*)
Unigene168	3	4.00E-31	Hypothetical protein (*Danio rerio*)
Unigene169	3	1.00E-166	Cytochrome b (*Schizopygopsis younghusbandi*)
Unigene170	3	—	Fructose-bisphosphate aldolase B (*Danio rerio*)
Unigene171	4	3.00E-47	Proliferation factor A (*Danio rerio*)
Unigene172	4	—	Serine protease inhibitor (*Cyprinus carpio*)
Unigene173	4	4.00E-70	ATP synthase F0 subunit 6 (*Gymnocypris przewalskii*)
Unigene174	6	1.00E-102	Retinol-binding protein (*Cyprinus carpio*)
Unigene175	2	2.00E-15	Chain A，Rnase Zf-1a (*Danio Rerio*)
Unigene176	5	6.00E-37	Chain A，the X-Ray structure Of Rnase5 (*Danio rerio*)
Unigene177	2	6.00E-16	Uncharacterized protein (*Danio rerio*)
Unigene178	6	2.00E-16	Uncharacterized protein (*Danio rerio*)
Unigene179	10	1.00E-40	Fatty acid-binding protein (*Cyprinus carpio*)
Unigene180	6	1.00E-106	Apolipoprotein A-I-1 (*Hemibarbus mylodon*)
Unigene181	9	1.00E-106	Apolipoprotein A-I-1 (*Hemibarbus mylodon*)
Unigene182	17	2.00E-65	Apolipoprotein (*Hemibarbus mylodon*)

（续）

序列号	EST数目	E值	注释
Unigene183	25	3.00E-26	Apolipoprotein C-I（*Hemibarbus mylodon*）
Unigene184	207	3.00E-90	Vitellogenin（*Cyprinus carpio*）

2. 同源性比对结果

Blastx同源性分析结果显示，180条Unigenes与Nr数据库中核苷酸序列有较高的同源性，占总Unigenes的90.9%，138条Unigenes与Nr数据库中蛋白质序列有较高的同源性，占总Unigenes的69.7%，139条Unigenes与SwissProt数据库中蛋白质序列有较高的同源性，占总Unigene的70.2%，153条Unigenes与KEGG数据库比对，同源性序列占77.3%。但是12个Unigenes没有得到注释，这些基因有可能是拉萨裸裂尻鱼的新基因，有待进一步的功能分析，具体见表5-4（其中小于200bp的EST信息没有列入表中）。

表5-4　未知功能Unigene的生物信息学分析

Unigene序列号	Unigene长度（bp）	ORF长度（bp）	分子量（kDa）	等电点	跨膜区
Unigene 5	543	42	4.876	11.65	No
Unigene 29	352	51	5.773	9.77	10～17
Unigene 56	460	38	4.753	8.47	13～35
Unigene 88	561	129	4.755	5.51	No
Unigene 99	788	67	8.011	7.93	4～23，36～58
Unigene 108	490	49	5.154	11.31	No
Unigene 134	374	98	10.875	12.31	24～48
Unigene 143	572	61	7.211	11.36	2～30
Unigene 146	592	51	6.031	8.24	15～29

3. COG分析

通过与COG（蛋白质直系同源数据库）比对，可以预测未知和已知蛋白质的功能。COG 数据库将基因功能分为四大类：细胞加工和信号（Cellular Processes and Signaling）、信息储存与加工（Information Storage and Processing）、代谢（Metabolism）和未知功能（Poorly Characterized）。结果显示，43 个 Unigene 得到注释，见表 5－5。这 43 个 Unigene 又可被细分到 11 个亚类中。17 条基因与代谢相关，其中所占比例最大的亚类为“能量产生和传递”、“氨基酸合成代谢”、“次级代谢产物生物合成、转运及分解代谢”、“脂类的转运和分解代谢”、“碳水化合物的转运和代谢”、“无机离子的转运和代谢”、“防御代谢”，这与 KEGG 比对结果一致。说明拉萨裸裂尻鱼保持较高的代谢活动从而适应高寒、低氧的高原环境，保证生存的需求。未知功能的基因占到了 2.33%。

表 5－5　已知功能全长基因的 COG 注释

Unigene 序列号	Unigene 长度（bp）	ORF 长度（bp）	ORF 中 GC 含量（%）	COG 注释
Unigene150	840	771	58.754 8	Translation，ribosomal structure and biogenesis
Unigene153	1 220	120	38.333 3	Energy production and conversion
Unigene155	435	363	49.311 2	Translation，ribosomal structure and biogenesis
Unigene157	757	600	52.833 3	Translation，ribosomal structure and biogenesis
Unigene158	749	150	51.333 3	Defense mechanisms
Unigene166	885	852	43.544 6	Secondary metabolites biosynthesis，transport and catabolism
Unigene169	1 012	258	43.023 2	Energy production and conversion
Unigene170	1 381	1 092	51.098 9	Carbohydrate transport and metabolism
Unigene172	1 164	999	47.847 8	Posttranslational modification，protein turnover，chaperones
Unigene10	699	336	54.761 9	Posttranslational modification，protein turnover，chaperones
Unigene11	458	213	57.746 4	Translation，ribosomal structure and biogenesis
Unigene15	547	345	47.536 2	Posttranslational modification，protein turnover，chaperones

（续）

Unigene序列号	Unigene长度（bp）	ORF长度（bp）	ORF中GC含量（%）	COG注释
Unigene21	781	258	46.124 0	Posttranslational modification, protein turnover, chaperones
Unigene25	840	744	49.865 5	Carbohydrate transport and metabolism
Unigene28	779	579	49.395 5	Translation, ribosomal structure and biogenesis
Unigene34	568	270	48.148 1	Energy production and conversion
Unigene35	623	495	52.121 2	Translation, ribosomal structure and biogenesis
Unigene39	803	492	48.373 9	Amino acid transport and metabolism
Unigene44	358			General function prediction only
Unigene46	288	240	46.25	Translation, ribosomal structure and biogenesis
Unigene52	632	339	43.657 8	Amino acid transport and metabolism
Unigene57	593	408	53.921 5	Translation, ribosomal structure and biogenesis
Unigene64	691	378	45.502 6	Lipid transport and metabolism
Unigene69	723	312	52.884 6	Posttranslational modification, protein turnover, chaperones
Unigene73	581	345	59.420 2	Posttranslational modification, protein turnover, chaperones
Unigene81	818	714	51.400 5	Secondary metabolites biosynthesis, transport and catabolism
Unigene82	462	399	49.624 0	Translation, ribosomal structure and biogenesis
Unigene92	576	420	57.142 8	Posttranslational modification, protein turnover, chaperones
Unigene94	796	567	52.557 3	Lipid transport and metabolism
Unigene96	655	150	47.333 3	Energy production and conversion
Unigene97	584	297	59.259 2	Posttranslational modification, protein turnover, chaperones
Unigene101	575	501	52.694 6	Translation, ribosomal structure and biogenesis
Unigene107	823	225	50.666 6	Energy production and conversion
Unigene110	731	723	50.899 0	Posttranslational modification, protein turnover, chaperones

（续）

Unigene序列号	Unigene长度（bp）	ORF长度（bp）	ORF中GC含量（%）	COG注释
Unigene111	340	315	52.063 4	Translation，ribosomal structure and biogenesis
Unigene120	786	651	46.236 5	Intracellular trafficking，secretion，and vesicular transport
Unigene123	603	381	45.669 2	Amino acid transport and metabolism
Unigene127	465	330	56.363 6	Translation，ribosomal structure and biogenesis
Unigene130	769	696	48.994 2	General function prediction only
Unigene138	413	351	49.857 5	Translation，ribosomal structure and biogenesis
Unigene139	787	546	51.465 2	Inorganic ion transport and metabolism
Unigene144	833	555	51.711 7	Amino acid transport and metabolism
Unigene145	835	423	62.174 9	Amino acid transport and metabolism

4. GO 注释与 Interpro

GO是基因本体论联合会（Gene Ontology Consortium）所建立的数据库，被广泛应用在对基因功能注释和分类中。GO对基因功能的分类主要利用可控词汇和等级，并且处在不断更新的状态。GO分类主要包括三大本体：细胞组（Cellular Components）、分子功能（Molecular Function）和生物过程（Biological Processes）。本研究应用 InteroproScan（http：//www.geneontology.org/GO.annotation.interproscan.shtml）对 198 条 Unigenes 进行注释，共获得 1 109 条 GO 术语。

蛋白质结构域和功能位点数据库已经成为蛋白质功能预测的重要资源。最近 10 年来，信号识别方法已经解决了很多问题，促进产生了许多独立的数据库。从诊断上来说，这些资源各有所长，可以在不同的研究分析领域发挥重要的作用。因此，为了得到更好的结果，查询工作必须结合所有的数据库，InterPro 是一个合作项目，目的在于对现在大多数数据库综合分析，提供蛋白质的结构域和功能位点信息。该数据库包括了 PROSITE、PRINTS、Pfam、ProDom、SMART、TIGRFAMs、PIR superfamily、SUPERFAMILY Gene3D 和 PANTHER 等知名数据库，本实验将 198 条 Unigene 递交到 InterPro 数据库中进行序列分析，共有 113 条序列得到了注释，占总 Unigene 的 57.1%。

5. Vitellogenin 基因家族生物信息学分析

拷贝数数目越多，提示该基因的 DNA 含量绝对数越高。依据中心法则，DNA 通过半保留复制进行扩增，然后转录为 RNA，最后通过翻译成蛋白质，发挥生理学功能。换言之，某个基因的 DNA 拷贝数越高，其最后翻译成蛋白质的含量可能会越高。通过对拉萨裸裂尻鱼肝脏文库中基因丰度表达情况的分析发现，卵黄蛋白原具有很高的表达丰度，为 207 条 EST 序列，占总 EST 的 40.9%。通过对序列同源性比对结果查找，得到 2 个编码卵黄蛋白原的基因，分别是 *Vitellogenin B1* 和 *Vitellogenin 3*。*Vitellogenin B1* 和 *Vitellogenin 3* 分别包括 203 条和 4 条 EST，两者表达丰度有很大的差异。分别对两个基因的 CDS 进行如下分析，通过 ExPasy 在线软件分析得知：*Vitellogenin B1* 基因编码蛋白由 425 个氨基酸编码，分子量 47.318 kD，等电点为 7.87，消光系数为 30 285。通过 ProtScale 在线分析结果表明不存在明显的疏水区。TMpred（Hofmann & Stoffel，2007）在线分析表明，由卵黄蛋白原 B1 基因编码的蛋白质存在 1 处跨膜区，参考 STRONGLY 模型 N-terminus outside，跨膜螺旋区从第 18 到第 40 位，方向 o—i；参考 alternative 模型，跨膜螺旋区从第 19 到第 40 位，方向 i-o，STRONGLY 模型的打分更高（1141 > 853）。SigalP（Brunak et al.，2011）程序中 NN 和 HMM 模型对信号肽的分析结果显示，拉萨裸裂尻鱼卵黄蛋白原 B1 基因编码的蛋白质不存在信号肽，蛋白二级结构预测见图 5-8，编码蛋白功能域见图 5-9。

```
       10        20        30        40        50        60        70
        |         |         |         |         |         |         |
MTLEKLNRLMLTPVKLEQVLLSRFAVMGVNTALIQAAVMMRGKIRTIIREKCLNIEAPTAERTIPLVPEL
cchhhhhhhhhccchhhhhhhhhhhhhccchhhhhhhhhhhhhhhhhhhhhhhcccccccccccccccce
AVQNSQTPADYWSSENPDKVPVRAPAPFDKTLCLVVPYIEIKGCVEVHSRNAAFIRNDPLFYIIGKHSAR
eeccccccccccccccccccccccccccceeeeeeeeeeeccceeeecccceeecccceeeeeeccccc
ATVARAEGPTVERLELEVQFGPRAAEKLPNQITIIDEDTQEGKAFLLKLKKILETEDRNRTSSSESSSSS
ehhhhccccchhheeehhccccchhhhcccceeeecccccchhhhhhhhhhhhhcccccccccccccccc
SSRRRSRSRSSSSLSSSMSSSGTTETTTTMEPFRRFHKDRYLASHGASKKDSSGSTERIQKQDKFLGKTV
ccccccccccccccccccccccccccccchhhhhhhcccceeeccccccccccccchhhhhhhhhhcccch
PPLFAVIARAVTADQKPLGYQLAAYFDKSSARVQLVVTSINKNDNQKICIDSVLRSYHKVTTKVAWGPEC
hhhhhhhhhhhccccccchhhhhhhhccccceeeeeeeeecccccceeeehhhhhhhcceeeeeecccch
QQYAVTLKAEAGVLGKFPAARLELEWERLPIIVTTYAKKMSKHIPMVACQTGLRLESAKNREKQIELTAA
hhhhhhhhhhhhcccccchhhhhhhhhccceeeeeeccchccccceeeecccccccccccchhhehhhhc
LPNQ
cccc

Sequence length :   424

HNN :
    Alpha helix         (Hh) :   145 is  34.20%
    3_10 helix           (Gg) :     0 is   0.00%
    Pi helix            (Ii) :     0 is   0.00%
    Beta bridge         (Bb) :     0 is   0.00%
    Extended strand     (Ee) :    68 is  16.04%
    Beta turn           (Tt) :     0 is   0.00%
    Bend region         (Ss) :     0 is   0.00%
    Random coil         (Cc) :   211 is  49.76%
    Ambigous states     (?)  :     0 is   0.00%
    Other states             :     0 is   0.00%
```

图 5-8 卵黄蛋白原 B1 基因编码的蛋白二级结构

Vitellogenin 3 基因编码的蛋白由 275 个氨基酸编码，分子量为 31.125kD，等电点为 7.91，消光系数为 34 630。通过 ProtScale 在线分析结果表明不存在明显的疏水区。TMpred 在线分析表明，卵黄蛋白原有一个可能的螺旋跨膜区，从第 184 到第 201 位，方向 i-o。SigalP 程序中 NN 和 HMM 模型对信号肽的分析结果显示，拉萨裸裂尻鱼 *Vitellogenin 3* 基因编码的蛋白不存在信号肽。蛋白二级结构预测见图 5-10，编码蛋白功能域见图 5-11。

本研究分别对两个卵黄蛋白原基因进行电子延伸。EST 电子延伸的方法是，首先利用 Blastn 程序对鱼 EST 数据库进行同源性检索，获得一批与目标 ESTs 序列高度同源的 ESTs 序列。选择同

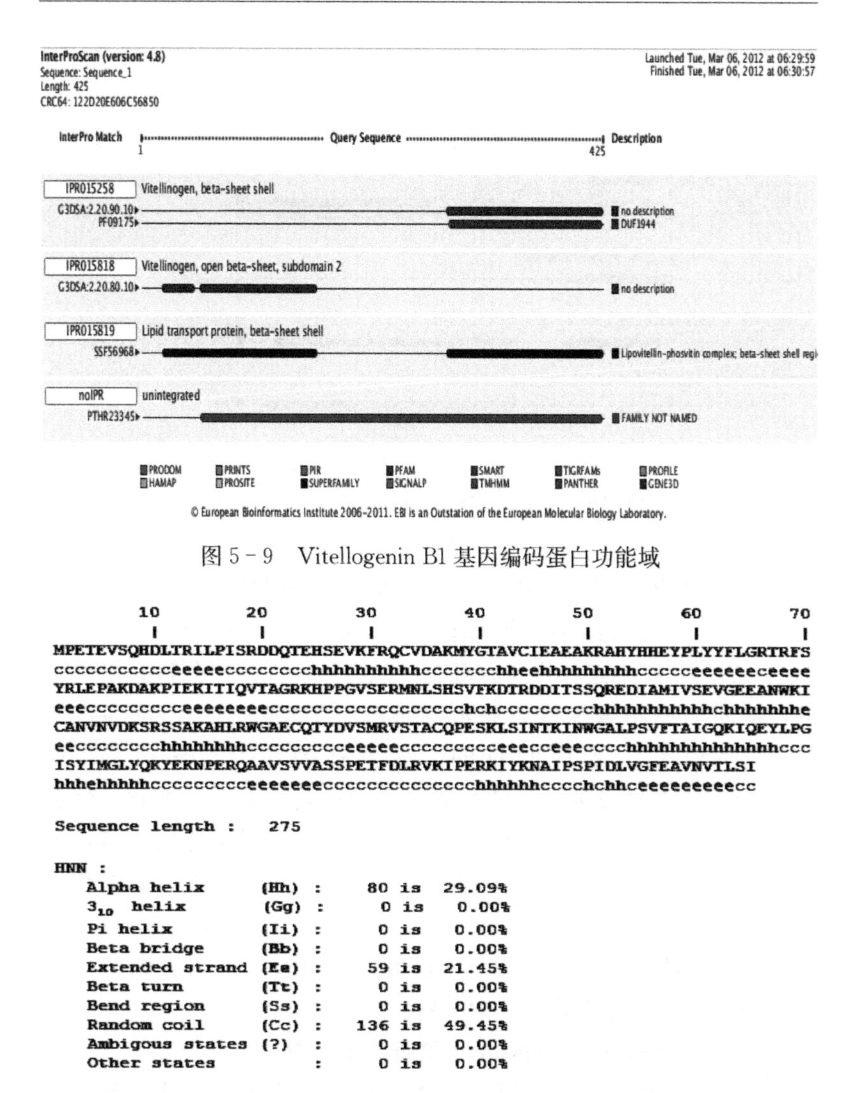

图 5-9　Vitellogenin B1 基因编码蛋白功能域

图 5-10　卵黄蛋白原 3 基因编码的蛋白二级结构

源性比分最高的一条 EST 序列（一般就是第一条 EST 序列），从 NCBI 的 Unigene 数据库进行检索，得到相应的 Unigene 编号。获得目标 ESTs 序列的 Unigene 编号后，就可以将参与形成 Unigene

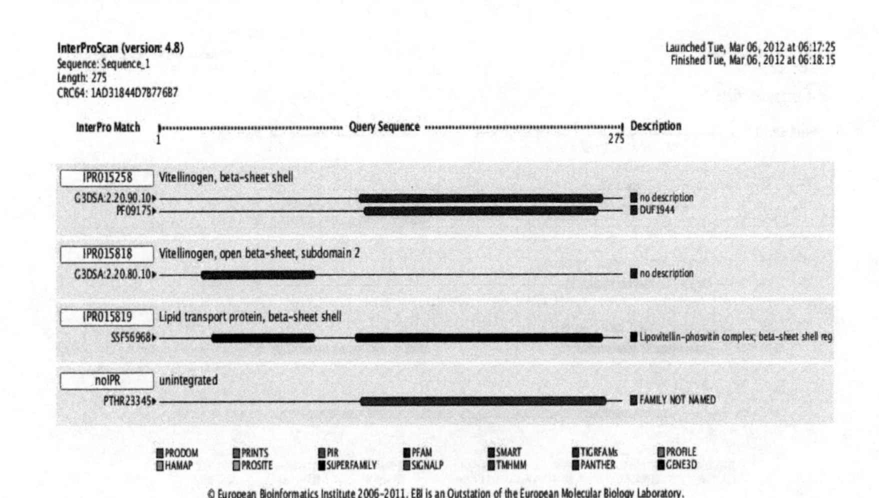

图 5－11　Vitellogenin 3 基因编码蛋白功能域示意图

Cluster 的所有 ESTs 序列下载到本地，利用 DNAStar 软件中的 SeqMan 程序进行组装，形成较大片段重叠群（Larger Contig，LC)。然后重复上述操作步骤直至无法再次对 LC 序列进行电子延伸，从而形成超级片段重叠群（Super Contig，SC)，达到目标 ESTs 序列电子延伸的目的。两个基因 *Vitellogenin B1* 和 *Vitellogenin 3* 经过电子延伸后的序列长度均有较大的变化，分别为4 123bp 和4 500bp，其中 *Vitellogenin B1* 经过延伸后，鉴定为全长 cDNA，包括：cDNA 5′端、翻译起始位点、开放读码框和终止密码子——cDNA 3′端。鉴于实验所得的 EST 长度仅为1 207 bp，延伸后的大部分片段均为其它鱼类的同源 EST 片段，所以对其全长 cDNA 不作生物信息学分析。

6. 载脂蛋白 Apolipoprotein 和线粒体蛋白

关于拉萨裸裂尻鱼肝脏 cDNA 文库基因丰度的表达情况，表达丰度次之的是，载脂蛋白为 59 条 EST 序列占总 EST 的 11.7%。通过对序列同源性比对结果查找，得到 6 个编码卵黄蛋白原的基因，分别是 ApolipoproteinA-I-1（ApoA-I-1）、ApolipoproteinA-I-2（ApoA-I-2）、ApolipoproteinC-I（ApoC-I）、ApolipoproteinC-II

(ApoC-II)、ApoE 和 Apolipoprotein-14 (Apo-14)。各蛋白基因的详细信息见表 5 - 6。

表 5 - 6　拉萨裸裂尻鱼 Apolipoprotein 蛋白基因基本信息

载脂蛋白基因种类	CDS 长度 (bp)	编码氨基酸数目	分子量大小 (kD)	等电点	完整的 ORF 个数	功能域位置
ApoA-I-1	396	131	31.930	5.25	8	221～243
ApoA-I-2	720	239	58.649	5.10	6	1～24
ApoC-Ⅰ	255	84	20.678	5.34	3	134～156
ApoC-Ⅱ	303	100	24.873	5.27	3	1～2，27～102
ApoE	780	260	64.079	5.08	1	1～24，73～374
Apo-14	396	131	31.859	5.08	8	221～243

关于拉萨裸裂尻鱼肝脏 cDNA 文库的基因丰度表达情况，表达丰度较高的还有 *CYTB*、*COX1*、*ATP6* 等线粒体基因。线粒体是细胞进行氧化磷酸化反应的主要场所，13 个蛋白质编码基因与核 DNA 编码的蛋白质共同组成呼吸链复合物。mtDNA 的功能实现不但与其结构完整性有关，还与其拷贝数有关，mtDNA 的数量及序列变化可能导致线粒体的功能改变 (Luo et al.，2008)。每个线粒体内含有多个 mtDNA，缺氧时自由基的生成增加，导致 mtDNA 的拷贝数增加，每个细胞中 mtDNA 的拷贝数增加与机体受到的氧化损伤程度密切相关 (Gao et al.，2006)，mtDNA 的增加可以弥补线粒体的功能降低。线粒体对低氧等因素敏感，它是产生活性氧的主要场所，也成为其主要的攻击目标，因而 mtDNA 拷贝数在高原习服过程中增多，以代偿线粒体的呼吸功能 (Xu et al.，2006)。在拉萨裸裂尻鱼肝脏 cDNA 文库中，表达丰度较高的线粒体编码蛋白基因 *CYTB* 基因主要参与氧化还原酶、电压阀门离子通道、金属离子结合、铁离子结合、电子传递、离子运输、炎症应答等生理过程，它位于 X 染色体短臂，与 NADPH 氧化酶的

活性密切相关。推测 *CYTB* 基因的高表达可能是拉萨裸裂尻鱼线粒体 *COX1* 活性较高的主要原因，Luo 等在高原世居藏族胎盘线粒体功能相关基因的表达谱研究中也有相同的研究结果（Luo et al.，2008）。因此，电子传递链酶复合体活性较高，线粒体的电子传递速度快，在电子传递过程中泵出到线粒体基质外的氢离子速率及含量也就增多，导致 ATP 生成的增加，有利于适应高原高寒、低氧环境。

第三节　讨　　论

一、拉萨裸裂尻鱼肝脏 cDNA 文库的构建

在本研究中，构建了拉萨裸裂尻鱼肝脏 cDNA 文库，为克隆拉萨裸裂尻鱼肝脏中重要基因奠定了基础，虽然仅获得了部分测序结果，所指代的信息还不够全面，但是通过这些有限的信息可以粗略地了解拉萨裸裂尻鱼肝脏基因的种类及表达丰度，为进一步挖掘裂腹鱼特有的基因资源奠定基础。构建 cDNA 文库的关键是要保证文库的覆盖度和完整性。其中，总 RNA 和 mRNA 的质量直接决定了所构建的拉萨裸裂尻鱼肝脏 cDNA 文库的质量。首先，要保证总 RNA 和 mRNA 的代表性，就必须保证其来源组织的代表性。本实验在西藏雅鲁藏布江上游取样，考虑到拉萨裂腹鱼的生长速度和发育状况，选取了 5 条体重约 200g 左右的拉萨裸裂尻鱼，由扎西次仁老师课题组（西藏大学）带回实验室养殖一周后，挑选活力良好的个体取其肝脏于 RNAlater 液保存。其次，必须要求提取并分离出高质量的 mRNA。构建高质量的 cDNA 文库是筛选功能基因的前提和保证。然而要想构建高质量的 cDNA 文库，必须要求提取并分离出高质量的 mRNA，即获得 mRNA 越完整，种类越多，构建 cDNA 文库才越完整，文库的质量才能得到保证。因此，提取纯度高、完整性好的 mRNA 就成为 cDNA 文库构建的核心步骤，直接关系到文库质量（Ding et al.，2011）。本研究分离得到的 mRNA 质量较好，是构建高质量 cDNA 文库的一个重要因

素。此试剂盒利用长距离聚合酶链式反应（LD-PCR）特异扩增全长 cDNA，所以控制 LD-PCR 的循环数对于 cDNA 的合成大小以及基因在文库中的拷贝数分布很重要（Zhu et al.，2004），适当的循环次数可以防止低拷贝数的基因丢失，同时也可以防止高拷贝数的基因过分放大，试验中应严格按照 mRNA 起始量，合理安排 PCR 循环数。本实验中根据获得 mRNA 的量（6.2μg），选用了 5 个循环数，效果较好。cDNA 片段与载体连接之前除去过短的 cDNA 片段也非常重要，若不能有效地去除短 cDNA 片段，将会降低文库平均插入片段长度。本研究中通过控制循环数将小于 400bp 的片段去除，保证了文库中具有较大分子的 cDNA，减少短片段优先连接的概率，提高长片段的连接效率。将分级分离后的 cDNA 片段与载体 λTripIEx2 按不同的比例分别进行连接，且取连接效率较好的进行文库包装。在文库插入片段大小检测方面，Zhou 等就质粒双酶切、质粒 PCR 和含有质粒菌液的 PCR 3 种方法进行了比较，3 种方法的结果一致（Zhou et al.，2010），所以在研究中可以直接用菌液 PCR 的方法来检测插入片段的大小，不用提取质粒，方便快捷。本研究构建的 cDNA 文库插入片段都大于 400bp，平均长度较长，大于1 000bp 的片段约占 58.0%左右，质量较好。本实验成功构建了拉萨裸裂尻鱼肝脏的 cDNA 文库，文库容量为 1.86×10^6 cfu/ml，共计 6ml 菌液，总库容量为 $1.86\times10^6\times6=1.12\times10^7$ cfu，达到高质量的文库要求，为今后的拉萨裸裂尻鱼功能基因分离克隆和功能基因组学研究奠定了基础。

在对基因进行功能研究之前，首先很重要的一步，就是要得到有意义的基因。基因的获得有很多种方法，其中通过构建基因文库进而筛选有用的基因是一种很常用的方法，因此，构建 cDNA 文库已成为研究功能基因组学的基本手段之一（Ling et al.，2012）。本文构建了拉萨裸裂尻鱼 cDNA 文库，可以方便地从中筛选所需目的基因，更重要的是可以用于分离全长基因进而开展基因功能研究，探索拉萨裸裂尻鱼对高原环境的适应机制。

二、EST序列的生物信息学分析

EST（Expressed Sequence Tag）是从一个随机选择的cDNA克隆进行5′端和3′端单向测序，获得cDNA的部分序列，代表完整基因的一部分。EST来源于一定环境下一个组织总mRNA所构建的cDNA文库，因此EST也能说明该组织中各基因的表达水平。目前，利用生物信息学软件与PCR技术结合的方法可以简单快速地从cDNA文库中获取目的基因的序列，进而为基因功能的研究提供研究靶点。本研究中，拉萨裸裂尻鱼肝脏cDNA文库的成功构建，还可以使基因资源得到永久保存，同时还可以利用功能筛选、免疫学筛选、Souther杂交等现代分子生物学技术寻找到与能量代谢相关的功能基因，为高原生物适应性研究奠定基础。

生物信息学就是利用计算机技术、分子生物学、应用数学和测序技术等，从生物的核酸或者蛋白质序列出发，充分发掘这些序列内部所蕴含的生物信息。为了了解和弄清楚基因的序列和结构信息，需要对ESTs序列所包含基因核酸序列的基本性质和结构等进行分析和鉴定；为了大致确定ESTs所包含基因编码氨基酸序列的结构和功能信息，需要对ESTs所包含全长基因或者完整CDS翻译蛋白质序列的基本性质、功能位点和结构功能域、基因组结构等进行分析与鉴定。本研究运用生物信息学方法对拉萨裸裂尻鱼肝脏cDNA文库进行了EST分析测定及同源性比对，得到了一些有价值的基因序列和一些功能尚未确定的核酸序列等，这些片段在鱼类中尚未见报道，因而有望成为新的有应用价值的功能基因。

本实验获得了506条高质量的ESTs序列，可基本反映出拉萨裸裂尻鱼肝脏基因的表达情况。从ESTs聚类共获得198个Unigenes，同源性搜索发现有138个与已知蛋白编码序列有较高同源性的基因，根据功能可以将它们划分为基本结构蛋白酶和酶、细胞通讯、转录因子和其它调节蛋白等。从文库中发现大量与能量代谢和免疫相关的基因，说明拉萨裸裂尻鱼肝脏不仅在物质与能量代谢中发挥重要作用，而且对适应高原严酷环境亦起到积极的作用。

由于本文测序仅为中等规模，测序量相对较小，通过测序只能部分反映拉萨裸裂尻鱼肝脏基因表达的情况，对于功能强大的肝脏而言还只是初探。尽管如此，本研究通过构建 cDNA 文库所获得的能量代谢相关基因与免疫相关基因资源，将为拉萨裸裂尻鱼高原适应机制的深入研究提供有重要价值的基础资料。此外，本次测序没有直接获得 HIF、iNOS 等低氧相关基因及 ROS 等抗氧化体系中的相关基因，下一步将增加测序量或根据同源物种设计引物，从文库中筛选这类基因，进一步从核基因方面深入研究拉萨裸裂尻鱼的高原适应机制。

第四节　小　　结

通过对所测定的 3 种裂腹鱼以及 GenBank 中的线粒体全基因组数据分析，利用线粒体基因组 rRNAs & PCGs 和 PCGs（不包括 *ND6* 基因）2 组数据集对鲤科鱼类进行了系统发育研究，可以发现：①拉萨裸裂尻鱼肝脏 cDNA 文库的库容为：$1.86\times10^6\times6=1.12\times10^7$ cfu，重组率大于 98%。任意挑选 96 个菌落进行 PCR 反应检测插入片段长度，电泳结果显示，插入片段平均长度在 1 200bp 左右。②文库中随机挑选 531 个克隆子得到 506 条高质量的 ESTs 序列，通过 BioEdit 软件对获得的 506 个序列进行拼接，获得 198 个独立基因（Unigene），并对文库中表达丰度较高的基因进行了生物信息学分析。

6 第六章 总结与展望

一、本研究的主要结果

线粒体是机体能量代谢的中心，是组织、细胞氧利用的关键场所，机体耗能的90%以上来自于线粒体的氧化磷酸化作用。高原环境影响机体的主要因素是缺氧，机体对高原环境的习服适应也主要是围绕着氧的摄取—运输—利用这条轴线来进行。青藏高原特有的裂腹鱼类在长期的低氧和寒冷环境中可能通过提高线粒体基因组的进化速度和改变 OXPHOS 的效率适应高原环境。本研究获得拉萨裸裂尻鱼、异齿裂腹鱼和拉萨裂腹鱼 3 种裂腹鱼的线粒体全基因组序列，补充了裂腹鱼类线粒体全基因组研究的严重不足。应用 PAML 程序对鲤科 ML 树上所有进化分支进行适应性进化检测，在拉萨裸裂尻鱼的祖先支上检测到适应性进化。然而线粒体基因组相对于功能庞大的核基因组而言，只是冰山一角，为了寻找适应严酷高原环境的优良基因，探索拉萨裸裂尻鱼低氧、高寒的高原适应机制，本文构建了拉萨裸裂尻鱼肝脏 cDNA SMART 文库，并对得到的 506 条 EST 片段进行测序和生物信息学分析。所获得的主要结果如下：

①本研究测定了拉萨裸裂尻鱼（*S. younghusbandi*）、异齿裂腹鱼（*S. oconnori*）和拉萨裂腹鱼（*S. waltoni*）的线粒体全基因组，这 3 种裂腹鱼类线粒体全基因组全长分别为 16 593bp、16 567bp、16 589bp，均含有 13 个蛋白质编码基因、2 个 rRNA 基因、22 个 tRNA 基因及 1 个 D-Loop 区，3 种裂腹鱼类的基因排列和转录方向和其它鲤科鱼相似。

②拉萨裸裂尻鱼的线粒体全基因组中 A+T 含量为 56%，异齿裂腹和拉萨裂腹鱼的线粒体全基因组中 A+T 含量均为 54.8%，碱基组成具有一定的 A/T 偏向性。

③在蛋白编码基因的起始密码子使用方面，除 *COX1* 基因以特殊的 GTG 作为起始密码子外，其余均以 ATG 为起始密码子。在终止密码子使用方面，拉萨裸裂尻鱼的 *COX2*、*COX3*、*ND4* 和 *CYTB* 为不完全终止密码子 TA 和 T，其余基因均为典型的终止密码子 TAG 或 TAA。异齿裂腹鱼和拉萨裂腹鱼的 *ATP6*、*COX2*、*ND2*、*ND4*、*ND5* 和 *CYTB* 为不完全终止密码子 TA 和 T，其余均为典型的终止密码子 TAG 和 TAA。

④拉萨裸裂尻鱼、异齿裂腹鱼和拉萨裂腹鱼的线粒体全基因组 rRNA 序列比较保守；tRNA 均属于典型的三叶草结构；D-Loop 区长度分别为 933bp、935bp 和 935bp，且含有一段保守的终止结合序列 TAS，3 个中央保守序列 CSB-F、CSB-E、CSB-D，3 个保守序列 CSB-1、CSB-2、CSB-3。

⑤利用线粒体基因组 2 组数据集对鲤科鱼类进行系统发育研究发现：a. 裂腹鱼亚科与鲤亚科、鲃亚科亲缘关系较近；原始等级的裂腹鱼和特化等级的裂腹鱼是单系群且互为姐妹群。b. 裂腹鱼亚科的分化时间大约在 51.7～67.5Mya，地质学上这一时期正是印度—亚洲大陆碰撞形成青藏高原，为青藏高原是裂腹鱼类的起源和分化中心提供了分子数据的支持。c. 利用 PAML 对鲤科 rRNAs & PCGs 联合基因进行适应性进化检测。“分支模型”检测到拉萨裸裂尻鱼的祖先支是唯一一支可能存在正选择的分支；“分支—位点模型”检测到 6 个基因共 11 个正选择位点。

⑥拉萨裸裂尻鱼肝脏 cDNA 文库的库容为：$1.86\times10^{6}\times6=1.12\times10^{7}$ cfu，重组率大于 98%。任意挑选 96 个菌落进行 PCR 反应检测插入片段长度，电泳结果显示，插入片段平均长度在1 200 bp 左右。

⑦文库中随机挑选 531 个克隆子得到 506 条高质量的 ESTs 序列，通过 BioEdit 软件对获得的 506 个序列进行拼接，获得 198 个

独立基因（Unigene），并对文库中表达丰度较高的基因进行了生物信息学分析。

青藏高原平均海拔 3 000 m 以上，是世界上最高最大的高原。强烈的紫外线辐射，缺氧以及寒冷的环境是其最重要的生态因子，这些因子显著影响了高原生物的生存。在此繁衍了几千年的高原土著生物，在长期的进化历史中，受到严酷环境压力的挑战，已经形成了对高寒、低氧独特的适应策略和机制。因此，独特的高原气候使青藏高原成为研究高原高寒、低氧适应性的天然实验室。动物对高原高寒、低氧的适应是长期自然选择的结果，不同动物的适应策略是不一样的。目前关于高原特有的裂腹鱼的研究主要集中在生理、形态和分类研究上，从基因水平上研究其高原低氧适应机制的报道不多。本研究首次构建了拉萨裸裂尻鱼肝脏 cDNA 文库，可以方便地从中筛选所需的目的基因，更重要的是可以用于分离全长基因进而开展基因功能的研究，探索裂腹鱼的高原适应机制。

二、进一步的研究方向

①增加对裂腹鱼类的采样种类，获得线粒体基因组全序列的分子数据，构建裂腹鱼类的系统发育树，进一步检测和验证本文检测到发生适应性进化的分支及正选择位点，深入研究线粒体基因组的高原适应机制。

②基于 cDNA 文库平台，从中筛选与高原低氧、高寒相关的功能基因，并应用现代生物信息学分析方法、分子生物学、免疫学及细胞生物学等技术对目的基因的结构和功能进行研究。

③基于 cDNA 文库平台，从中分离和克隆关于抗氧化系统中防御调控相关基因，深入研究青藏高原裂腹鱼类的抗氧化系统是如何快速清除活性氧自由基和活性氮自由基，从而保持裂腹鱼类氧化和抗氧化动态平衡，维持机体正常生理活动。

参 考 文 献

曹文宣，陈宜瑜，武云飞．1981. 裂腹鱼的起源和演化及其与青藏高原的隆起关系［A］//中国科学院青藏高原综合科学考察队，青藏高原隆起的时代、幅度和形式问题［M］．北京：科学出版社．

陈湘粦，乐佩琦，林人端．1984. 鲤科的科下分类及其宗系发生关系［J］．动物分类学报（9）：424-440.

陈宜瑜．1998. 中国动物志硬骨鱼纲鲤形目11（中卷）［M］．北京：科学出版社．

高钰琪 2006. 高原病理生理学［M］．北京：人民卫生出版社．

乐佩琦．2000. 中国动物志（硬骨鱼纲，鲤形目）［M］．北京：科学出版社．

马兰，格日力．2007. 高原鼠兔低氧适应分子机制的研究进展［J］．生理科学进展（38）：143-146.

孟宪伟，夏鹏，张俊，等．2010. 近1.8Mya以来东亚季风演化与青藏高原隆升关系的南海沉积物常量元素记录［J］．科学通报（55）：3328-3332.

王镜岩，朱圣庚，徐长法．2002. 生物化学［M］．3版．北京：高等教育社．

伍献文，陈宜瑜，陈湘粦，等．1981. 鲤亚目鱼类分科的系统和科间系统发育的相互关系［J］．中国科学（3）：369-376.

徐晋麟，徐沁，陈淳，等．2001. 现代遗传学原理［M］．北京：科学出版社．

Adachi J，Hasegawa M. 1996. Model of amino acid substitution in proteins encoded by mitochondrial DNA［J］. Molecular Biology and Evolution，42：459-468.

Adachi J，Waddell P J，Martin W，et al. 2000. Plastid genome phylogeny and a model of amino acid substitution for proteins encoded by chloroplast DNA［J］. Molecular Biology and Evolution，50：348-358.

An Z S，Kutzbach J E，Prell W L，et al. 2000. Evolution of Asian monsoons and phased uplift of the Himalaya-Tibetan plateau since Late Miocene times［J］. Nature，4：62-66.

An Z S. 2000. The history and variability of the East Asian paleomonsoon climate［J］. Quaternary Science Reviews，9：77-87.

Anisimova M，Bielawski J P，Yang Z H. 2001. The accuracy and power of likelihood ratio test in detecting adaptive molecular evolution [J] . Molecular Biology and Evolution, 18: 1585-1592.

Anisimova M, Bielawski J P, Yang Z H. 2002. Accuracy and power of Bayes prediction of amino acid sites under positive selection [J] . Molecular Biology and Evolution, 19: 950-958.

Baker R J, Porter J C, et al. 2000. Systematics of bats of the family phyllostomidae based on RAG2 DNA sequences [D] . Museum of Texas Tech University, 202-206.

Beall C M, Cavalleri G L, Deng L, et al. 2003. Natural selection on EPAS (HIF2 alpha) associated with low hemoglobin concentration in Tibetan highlanders [J] . Proceedings of the National Academy of Sciences, 7: 459-464.

Benton D. 1996. Bioinformaties-Principles and potential of a new multidisciplineary tool [J] . Tibtech, 4: 26-272.

Bereiter J, Voth M. 1994. Dynamics of mitochondria in living cells: shape changes dislocations fusion and fission of mitochondria [J] . Microscopy Research and Technique, 27: 198-219.

Boore J L. 1999. Animal mitochondrial genomes [J] . Nucleic Acids Research, 27: 767-780.

Boore J L, Collins T M, Stanton D, et al. 1995. Deducing the pattern of arthropod phylogeny from mitochondrial DNA rearrangements [J] . Nature, 376: 63-65.

Brand M D. 1997. Regulation analysis of energy metabolism [J] . Journal of Experimental Biology, 200: 193-202.

Briolay J N, Galtier R M, Bouvet Y. 1998. Molecular phylogeny of cyprinidae inferred from cytochrome b DNA sequences [J] . Molecular Phylogenetics and Evolution, 9: 100-108.

Buekley T R, Simon C, Flook P K, et al. 2000. Secondary structure and conserved motifs of the frequently sequenced domains IV and V of the insect mitochondrial large subunit rRNA gene [J] . Insect Molecular Biology, 9: 556-580.

Cavender T, Cobum M. 1992. Phylogenetic relationships of North Ameriean Cyprinidae. In: mayden systematics historical ecology and North American freshwater fishes [M] . Stanford University Press, 56: 293-327.

Chen S J, He C B, Mu Y L, et al. 2008. Informative efficiencies of mitochondrial genes in phylogenetic analysis of teleostean [J] . Journal of Fishery Sciences of China, 15: 112-121.

Chen T, Shi Y R, Yang P. 2012. Squence and analysis of complete mitochondrial genome of *pseudorasbora parva* [J], Acta Zootax onomica Sinica, 37: 30-39.

Chen X L, Lin P Q, Lin R D. 1984. Major groups within the family cyprinidae and their phylogenetic relationships [J] . Acta Zootaxonomica Sinica, 9: 424-440.

Chen Y F, He D K, Chen Y Y. 2002. Age discrimination of *selincuo schizothoracini* (Gymnocypris selincuoensis) in selincuo lake-Tibeten Plateau [J] . Acta Zoologica Sinica, 48: 527-533.

Crozier T H, Crozier Y C. 1993. The mitochondrial genome of the honeybee *Apis mellifera*: complete sequence and genome organization [J] . Genetics, 33: 97-107.

da Fonseca, Johnson W E, Brien S J, et al. 2008. The adaptive evolution of the mammalian mitochondrial genome [J] . BMC Genomics, 9: 36-45.

Dai Y G, Zou X J, Xiao H. 2010. Genetic Diversity of the mtDNA D-Loop in the population of Schizothorax kozlovi from the Wujiang River [J] . Sichuan Journal of Zoology, 29: 505-509.

Ding J, Wei S, Chang Y Q. 2000. Construction of cDNA library and partial ESTs analysis of *Strongylocentrotus intermedius* [J] . Journal of Fishery Sciences of China, 8: 222-229.

Dirocco F, Parisi G, Zambelli A, et al. 2006. Rapidevolution of cytochrome c oxidase subunit II in camelids (Tylopoda: Camelidae) [J] . Journal of Bioenergetics and Biomembranes, 38: 293-297.

Doolittle W F. 1999. Phylogenetic classification and the universal tree [J]. Science, 284: 224-228.

Duan Z M, Li Y, Shen Z W, et al. 2007. Analysis of the evolution of the Cenozoic ecological environment and process of plateau surface uplift in the Wenquan area in the interior of the Qinghai- Tibet Plateau [J]. Geology in China, 34: 688-696.

Elson J L, Turnbull D M, Howell N. 2004. Comparative genomics and the evolution of human mitochondrial DNA: assessing the effects of selection [J]. Genetic, 74: 229-238.

EndoT, Ikeo K, Gojobori T. 1996. Large-scale search for genes on which positive selection may operate [J]. Molecular Biology and Evolution, 53: 685-690.

Epple P, Apel K, Bohlmann H. 1997. ESTs reveal multigene family for plant defense in *Arabidopsis thalina* [J] . FEBS Letters, 400: 68-92.

Flook P K, Rowell C H. 1997. The effectiveness of mitochondrial rRNA gene sequences for the reconstruction of the phylogeny of an insect order (Orthoptera) [J] . Molecular Phyloenet Evolution, 8: 78-92.

Frankel N, Hasson E, Iusem N D, et al. 2003. Adaptive evolution of the water stress-induced gene Asr2 in *Lycopcon* species dwelling in arid habitats [J]. Molecular Biology and Evolution, 20: 955-962.

GellerJ B. 1993. Interspecific and intrapopulation variation in mitochondrial ribosomal DNA sequences of *Mytilus* sp. (Bivalvat: Mollusca) [J]. Molecular Marin Biology and Biotechnology, 92: 44-55.

Gilles A G, Lecointre E, Faure R, et al. 1998. Mitochondrial phylogeny of the European Cyprinids: Implications for their systematics reticulate evolution and colonization time [J] . Molecular Phylogenetics and Evolution, 10: 32-43.

GillesA G, Lecointre E, Miquelis A, et al. 2000. Partial combination applied to phylogeny of European cyprinids using the mitochondrial control region [J]. Molecular Phylogenetics and Evolution, 9: 222-233.

Goldman N, Anderson J P, Rodrigo A G. 2000. Likelihood-based tests of topologies inphylogenetics [J]. System Biology, 49: 652-670.

Goldman N, Whelan S. 2000. Statistical tests of gamma-distributed rate heterogeneity in models of sequence evolution in phylogenetics [J]. Molecular Biology and Evolution, 7: 975-978.

Graeber M B. Muller U. 1998. Recent developments in the molecular genetics of mitochondrial disorders [J]. Journal of the Neurological Sciences, 53: 255-263.

Hanfling B, Brand R. 2000. Phylogenetics of European cyprinids: insights from *allozymes* [J] . Journal of Fish Biology, 57: 265-276.

Hao C B, Wang X C, Sun X Y, et al. 2011. Complete mitochondrial genome of laced fritillary *Argyreus hyperbius* (Lepidoptera: Nymphalidae) [J]. Zoological Research, 32: 465-475.

Hardman M. 2004. The phylogenetic relationships among *Noturus catfishes* (Siluriformes: Ictaluridae) as inferred from mitochondrial gene cytochrome b and nuclear recombination activating gene 2 [J] . Molecular Phylogenetics and Evolution, 30: 395-408.

Hatey F, Tosser-Klopp G, et al. 1998. Expressed sequenced tags for genes: a review [J] . Genetics Selection Evolution, 30: 52-54.

He D K, Chen Y F. 2007. Molecular evidence on the evolutionary and biogeographical patterns of highly specialized schizothoracine fishes [J]. Chinese Science Bulletin, 52: 303-312.

He D K. 2005. Phylogeny of the East Asian *botiine loaehes* (Cypriniformes: Botiidae) inferred from mitoehondrial cytoehrome b gene sequenees [J]. Hydrobiologia, 544: 249-258.

Hickson R E, Simon C, Cooper A, et al. 1996. Conserved sequence motifs alignment and Secondary structure for the third domain of animal 12S rRNA [J] . Molecular Biology and Evolution, 53: 150-169.

Hofmann K, Stoffel W. 2008. TMbase-A database of membrane spanning proteins segments [J] . Biological Chemistry, 66: 374-385.

Holder M T, Lewis P O. 2003. Phylogeny estimation: traditional and Bayesian approaches [J] . Nature Reviews Genetics, 44: 275-284.

Hong G Y, Jiang S T, Yu M, et al. 2009. The complete nucleotide sequence of the mitochondrial genome of the cabbage butterfly, *Artogeia melete* (Lepidoptera: Pieridae)[J] . Acta Biochimica et Biophysica Sinica, 446-455.

Howes G J. 2000. Systematics and biogeography: an overview-Cyprinid fishes systematic biology and exploitation [J] . London: Chapman and Hall, 3: 929-933.

Huelsenbeck J P, Larget B, Swofford D. 2000. A compound poisson process for relaxing the molecular clock [J] . Genetics, 54: 879-892.

Huelsenbeck J P, Rannala B. 1997. Phylogenetic methods come of age: testing hypotheses in anevolutionary context [J] . Science, 76: 227-232.

Huelsenbeck J P, Ronquist F, Nielsen R, et al. 2000. Bayesian influence of phylogeny and its impact on evolutionary biology [J] . Science, 294: 230-234.

Huelsenbeek J P. 1995. The robustness of two phylogenetic methods four-taxon simulations reveals a slight superiority of maximum likelihood over neigbor-joining [J] . Molecular Biology and Evolution, 12: 843-849.

Ingman M, Gyllensten U. 2007. Rate variation between mitochondrial domains and adaptive evolution in humans [J] . Human Molecular Genet, 6:

2281-2287.

Jiang S T，Hong G Y，Yu M，et al. 2009. Characterization of the complete mitochondrial genome of the giant silkworm moth，*Eriogyna pyretorum*（Lepidotera：Satruniidae）［J］. International Journal Biology Science，5：351-365.

Kim I，Cha S Y，Yoon M H，et al. 2008. The complete nucleotide sequence and gene in the ochotona family driven by the cold environmental stress［J］. PLOS，3：463-472.

Kimura M. 1968. Evolutionary rate at the molecular level［J］. Nature，27：624-626.

Kimura M. 1983. The neutral theory of molecular evolution［M］. Cambride：Cambridge University Press. 536.

King J L，Jukes T H. 1969. Non-Darwinian evolution［J］. Science，64：788-798.

Kivisild T，Shen P，Wall D P，et al. 2006. The role of selection in the evolution of human mitochondrial genomes［J］. Genetics，72：373-387.

Kroemer G，Dalla Porta B，Resehe M. 1998. The mitochondrial death/life regulator in apoptosis and necrosis［J］. Annual Review Physiology，60：639-642.

Kumar M K，Felsenstein J. 1994. A simulation comparison of phylogeny algorithms under equal and unequal evolutionary rates［J］. Molecular Biology and Evolution，31：459-468.

Lee S U，Huh S，Sohn W M. 2004. Molecular phylogenic location of the *Plagiorchis muris*（Digenea：Plagiorchiidae）based on sequences of partial 28S rRNA and micothondiral cytochorme C oxidase subunit［J］. Korean Journal Parasitol，42：71-75.

Lee W J，Koeher T D. 1995. Complete sequence of a *sea LamPrey*（*Petromyzon marinus*）mitochondrial genome：Early establishment of the vertebrate genome organization［J］. Genetics，39：873-887.

Lei R H，Gary D，Shore D，et al. 2000. Complete sequence and gene organization of the mitochondrial genome for *Hubbard's sportive lemur*（Lepilemur hubbardorum）［J］. Gene，464：44-49.

Lewis N，Porter C A，Baker R J. 2008. Molecular systematics of the family Mormoopidae（Chiroptera）based on cytochrome b and recombination activating gene 2 sequences［J］. Molecular Phylogenetics and Evolution，20：

426-436.

Li H M, Deng R Q, Wang J W, et al. 2005. A Preliminary phylogeny of the *Pentat omomor pha* (HemiPtera: HeteroPtera) based on nuclear 8S rDNA and mitochondiral DNA sequences [J] . Molecular Phylogenet Evolution, 37: 33-326.

Li H, Long C L. 1995. Mitochondrial Genome: Early establishment of the vertebrate genome organization [J] . Genetics, 39: 873-887.

Li Y D, Xiao B, Ma F, et al. 2006. Comparative analysis of complete mitochondrial DNA control region of four species of Strigiformes [J] . Acta Genetica Sinica, 33: 965-974.

Lin Q F, Wang X F, Li J Y, et al. 2002. Construction and sequence analysis of a drought-induced full-length cDNA library from *Ammopiptanthus mongolicus* [J] . Chinese Journal of Biotechnology, 28: 86-95.

Ling Q F, Li S F. 2006. Mitochondrial cytochrome oxidase unit II gene variability and phylogenetic relationships among 25species of Cyprinidae [J]. Fisheries of China, 30: 747-752.

Liu C W, Sun C. 2008. Cloning and bioinformatics analysis of swine OLR gene [J] . Acta Agriculturae Boreali-occidentalis Sinica, 7: 51-55.

Liu H Z, Tzeng C S, Teng H Y. 2002. Sequnece variations in the mitochondrial DNA control region and their implications for the phylogeny of Cypriniformes [J] . Canadian Journal of Zoology, 80: 569-58.

Liu J Q, Gao T G, Chen Z D, et al. 2002. Molecular phylogeny and biogeography of the Qinghai-Tibet Plateau endemic *Nannoglottis* (Asteraceae) [J] . Molecular Phylogenet Evolution, 23: 307-325.

Liu J Y, Hara C, et al. 1995. Analysis of randomly isolated cDNAs from developing endosperm of rice (Oryzasatival): evaluations of expressed sequence tags and expression levels of mRNAs [J] . PIant Molecular Biology, 29: 685-689.

Liò P, Goldman N. 1998. Models of molecular evolution and phylogeny [J]. Genome Research, 8: 233-244.

Lovejoy N R, Collette B B. 2006. Phylogenetic relationships of New World needle fishes (Teleostei: Belonidae) and the biogeography of transitions between marine and freshwater habitats [J] . Copeia, 65: 324-338.

Lu C, Liu YQ, Liao S Y, et al. 2002. Complete sequence determination and analysis of *Bombyx mori* mitochondrial genome [J] . Journal of Agricultural

Biotechnology，52：163-170.

Luo Y，Gao W，Gao Y，et al. 2008. Mitochondrial genome analysis of *Ochotona curzoniae* and implication of cytochrome c oxidase in hypoxic adaptation [J] . Mitochondrion，8：352-357.

Luo Y J，Chen Y，Liu F Y，et al. 2012. Mitochondrial genome of Tibetan wild ass (Equus kiang) reveals substitutions in NADH which may reflect evolutionary adaption to cold and hypoxic conditions [J] . Asia Life Science，21：1-11.

Maehida R J，Miya M U，Nishida M，et al. 2002. Complete mitochondrial DNA sequence of *Tigriopus japonicas* (Crustacea：Copepoda) [J] . Marine Biotechnology，4：406-417.

Malyarchuk B A. 2011. Adaptive evolution of the Homo mitochondrial genome [J] . Molecular Biology，4：780-784.

Marc R R，Dorothée H. 2000. RRTree：Relative-rate tests between groups of sequences on a phylogenetic tree [J] . Bioinformatics，6：296-297.

Marta M，Osvaldo M，Jaroslaw K，et al. 2009. Complete mtDNA genomes of *Anopheles darling* and an approach to anopheline divergence time [J]. Journal of Marine Biotechnology，9：27-35.

Masta S E，Boore J L. 2004. The complete mitochondrial genome sequence of the spider *Habronattus oregonensis* reveals rearranged and extremely truneated tRNAs [J] . Molecular Biology and Evolution，2：893-902.

Mayden R L，Chen W J，Bart H L，e al. 2009. Reconstructing the phylogenetic relationships of the earth's most diverse clade of freshwater fishes-order Cypriniformes (Actinopterygii：Ostariophysi)：A case study using multiple nuelear and the mitochondrial genome [J] . Molecular Phylogenotics and Evotion，51：500-514.

Misof B，Anderson C L，Buekley T R，et al. 2002. An empirical analysis of mt-16S rRNA covarion-like evolution in insects：site specific rate variation is clustered and frequently detected [J] . Molecular Biology and Evolution，55：460-469.

Miya M，Kamoto K，Nishida M. 2000. Complete mitochondrial DNA sequence of the Japaneses ardine *Sardinops melanosticrus* [J] . Fish Science，66：924-932.

Miya M，Kawaguehi A，Nishida M. 2000. Mitogenomic exploration of higher teleostean phylogenies：a case study for moderate-scale evolutionary genomics with38 newly determined complete mitochondrial DNA sequences [J] . Molecular Biology and Evolution, 8: 1993-2009.

Miyam, Nishidam. 2000. Use of mitogenomic information in teleostean molecular phylogenetics: a tree-based exploration under the maxmiumparsimony optmiality criterion [J] . Molecular Phylogenetics and Evolution, 7: 437-455.

Mo X X, Dong G C, Zhao Z D, et al. 2009. Mantle input to the crust in southern Gangdese, Tibet during the Cenozoic Zircon Hfisotopic evidence [J]. Journal of Earth Science, 20: 24-249.

Mo X X, Niu Y L, Dong G C, et al. 2008. Contribution of yncollisional felsic magmatism to continental crust growth: A case study of the Paleogene Linzizong Volcanic Succession in southern Tibet [J]. Chemical Geology, 250: 49-67.

Mo X X, Zhao Z D, Deng J F, et al. 2003. Response of volcanism to the India-Asia collision [J] . Earth Sciencc Frontiers, 10: 35-48.

Mo X X, Zhao Z D, Deng J F, et al. 2006. Petrology and geochemistry of postcollisional volcanic rocks from the Tibetan plateau implications for lithosphere heterogeneity and collision - induced asthe nospheric mantle flow [C] //Dilek, Y, Pavlides S (eds.) . Postcollisional Tectonics and Magmatism in the MediterraneanRegion and Asia. Geological Society of America Special Paper, 409: 507-530.

Mo X X, Zhao Z D, Zhou S, et al. 2002. Evidence for timing of the initiation of India -Asia collision from igneous rocks in Tibet [A] EOS Trans, San Francisco, 83-147.

Mo X X. 2007. A review and prospect of geological researches on the Qinghai-Tibet Plateau [J] . Geology, 37: 844-853.

Nardi F, Carapelli A, Dallai R, et al. 2003. The mitochondrial genome of the olive fly bactrocera oleae: Two haplotypes from distant geographical locations [J] . Insect Molecular Biology, 2: 605-616.

Nei M, Kumar S. 2000. Molecular evolurion and phylogenetics [M] . Oxford University Press Inc, 522.

Nei M. 1996. Phylogenetic analysis in molecular evolutionary genetics [J]. Annual Review of Genetic, 30: 397-403.

Noack K, Zardoya R, Meyer A. 1996. The complete mitochondrial DNA sequence of the Biehir (*polypterus ornutipinis*) - a basal Ray Finned Fish:

Ancient establishment of the consensus vertebrate gene order [J]. Genetics, 44: 65-80.

Ogoh K, Ohmiya Y. 2004. Complete mitochondrial DNA sequence of the sea firefiy *Vargula hilgendorfil* (Crustace: Ostracoda) with duplicate control regions [J] . Gene, 327: 31-39.

Ojala D, Montoya J, Attardi G. 1998. tRNA punctuation model of RNA processing in human mitochondira [J] . Nature, 290: 470-474.

Ojala D, Montoya J, et al. 2005. Organization of the mitochondrial genome of the oriental mole cricket *Gryllotalpa orientalis* (OrthoPtera: GryllotalPidae) [J]. Gene, 353: 55-68.

Orr H, Allen. 2009. Testing natural selection [J] . Scientific American, 300: 44-50.

Osawa S, Collins D, Ohama T, et al. 1990. Evolution of the mitochondrial genetic codeIII. reassignment of CUN codons from leucine to threonine during evolution of yeast mitochondria [J] . Molecular Biology and Evolution, 30: 322-328.

Osawa S, Jukes T H, Watanabe K, et al. 1992. Recent evidence for evolution of the genetic code [J]. Microbiology Reviews, 56: 229-264.

Osawa S, Ohama T, Jukes T H, et al. 1989. Evolution of the mitochondrial genetic codeII reassignment of codon AUA from isoleucine to methionine [J]. Molecular Biology and Evolution, 29: 373-380.

Osawas, Ohama T, Jukes T H, et al. 1989. Evolution of the mitochondrial genetic codeI origin of AGR serine and stop codons in metazoan mitochondrial [J] . Molecular Biology and Evolution, 29: 202-207.

Page R D, Cruiekshank R, Johnson K P. 2002. *Louse* (Inscta: PhthiraPtera) mitochondrial 12S rRNA secondary structure is highly variable [J] . Insect Molecular Biology, 4: 36-369.

Page R D. 2000. Comparative analysis of secondary structure of insect mitochondrial small subunit ribosomal RNA using maximum weighted matching [J] . Nucleic Acids Resarch, 28: 3839-3485.

Peer Y V, Broeck I V, Rijk P. et al. 1994. Database on the structure of small ribosomal subunit RNA [J]. Nucleic Acids Resarch, 22: 3488-3494.

Peng Y, Yang Z H, Zhang H, et al. 2007. Genetic variations in Tibetan populations and high-altiude adaptation at the Himalayas [J] . Molecular Biology and Evolution, 28: 075-081.

Posada D, Crandall K A. 1998. MODELTEST: Testing the model of DNA substitution [J]. Bioinformatics, 4: 87-88.

Qi D L, Chao Y, Guo S C, et al. 2008. Genetic structure of five Huanghe Schizothoracin *Shizopygopsis pylzovi* populations based on mtDNA control region sequences [J] . Acta Zoologica Sinica, 54: 972-980

Rannala B, Yang Z H. 2007. Inferring speciation times under an episodic molecular clock [J] . System Biology, 56: 453-466.

Rijk P D, Robbrecht E, de Hoog S, et al. 1999. Database on the structure of large subunit ribosomal RNA [J] . Nucleic Acids Research, 27: 74-78.

Rounsley S, Linx K K. 1998. Large scale sequencing of plant genome [J]. Current Opinion in Plant Biology, 52: 36-41.

Saceone S, Giorgi C D, Gissi C, et al. 1999. Evolutionary genomics in Metazoa: the mitochondrial DNA as a model system [J] . Gene, 238: 95-20.

Saitoh K, Sado R L, Mayden N, et al. 2006. Mitogenomic evolution and interrelationships of the Cypriniformes (Actinopterygii: Ostariophysi): The first evidence toward resolution of higher-level relationships of the World's largest freshwater fish clade based on 59 whole mitogenome sequences [J]. Molecular Biology and Evolution, 63: 826-841.

Saitoh K, Sado T, Doosey M H, et al. 2011. Evidene from mitochondrial genomics supports the lower Mesozoci of South Asia as the time and place of basal divergence of Cypriniform fishes (Actinopterygii: Ostariophysi) [J]. Zoological Journal of the Linnean Society, 161: 633-662.

Sasaki T. 1998. The rice genome project in Japan [J] . PNAS, 95: 2027-2028.

ScheffierL. 1999. Mitochondria [M] . New York, NY: Wiley-LISS, 243.

Shen Y Y, Lu L, Zhu Z H, et al. 2009. Adaptive evolution of energy metabolism genes and the origin of flight in bats [J] . PNAS, 27: 8666-8671.

Shi W, Kong X Y, Jiang J X, et al. 2012. Preliminary study on the rapid evolution of mtDNA control region and the elongated mechanism of tandem repeat units in Cynoglossinae fishes [J] . Periodical of Ocean University of China, 42: 081-087.

Simon C, Frati F, Beekenbach A, et al. 1994. Evolution weighting and phylogenetic utility of mitochondrial gene sequences and a complication of conserved polymerase chain reaction primers [J] . Annals of the

Entomaological Society of America，87：65-70.

Simonson T S，Yang Y，Huff C D，et al. 2000. Genetic evidence for high-altitude adaptation in Tibet [J]. Science，329：72-75.

Sorenson M D，Ast J C，Dimeheff D E，et al. 1999. Primers for a PCR-based approach to mitochondrial genome sequencing in birds and other vertebrates [J] . Molecular Phylogenet Evolution，2：55-64.

Springer M S，Douzery E. 1996. Secondary structure and patterns of evolution among mammalian mtiochondrial 12S rRNA molecules [J] . Molecular Biology and Evolution，43：357-373.

Stamatakis A. 2006. RAxML-VI-HPC：Maximum likelihood-based phylogenetic analyses with thousands of taxa and mixed models [J] . Bioinformatics，22：2688-2690.

Sterky F，Regan S，et al. 1998. Gene discovery in the wood forming tissue of poplar：Analysis of 5692 experssed sequence tags [J] . PNAS，95：330-335.

Stewart C B，Schilling J W，Wilson A C. 1987. Adaptive evolution in the stomach lysozymes of *Foregut fermenters* [J] . Nature，330：401-404.

Sullivan J P，Lavoue S，Hopkins C D. 2000. Molecular systematics of the *african electric fishes* (Mormyroidea：teleostei) and a model for the evolution of their electric organs [J] . Journal of Experimental Biology，203：665-683.

Sun C，Kong Q P，Zhang Y P. 2007. The role of climate in human mitochondrial DNA evolution：a reappraisal [J] . Genomics，89：338-342.

Sun Y B，Shen Y Y，Irwin D W，et al. 2000. Evaluating the roles of energetic functional constraints on teleost mitochondrial-encoded protein evolution [J]. Molecular Biology and Evolution，28：39-44.

SunY H，Xie C X，Liu S Y. 2006. The genetic variation of 8S-ITS-5 · 8S sequence of 7 Catostomids [J]. Acta Hydrobilolgica Sinica，30：367-370.

Swofford D L. 1993. PAUP-A computer-program for phylogenetic inference using maximum parsimony [J]. Journal of General Physiology，102，A9- A9.

Tateno Y，Takezaki N，Nei M. 1994. Relative efficiencies of the maximum-likelihood Neighbor-joining and maximum parsimony methods when substitution rate varies with site [J] . Molecular Biology and Evolution，2：266-277.

Tzeng C S, Hui C F, Shen S C. 1992. The complete nueleotide sequence of the *Crossostoma lacustre* mitochondrial genome: conservation and variations among vertebrates [J] . Nucleic Acids Research, 20: 4853-4959.

Vences M, Freyhot J, Sonnenberg R, et al. 2000. Reconciling fossils and molecules: Cenozoic divergence of Cichlid fishes and the biogeography of Madagascar [J] . Journal Biogeogar, 28: 089-099.

Wallace D C. 2007. Why do we still have a maternally inherited mitochondrial DNA? Insights from evolutionary medicine [J] . Annual Review Biochemistry, 76: 178-182.

Wang C H, Qin C, Lu G Q, et al. 2008. Complete mitochondrial genome of the *grass carp* (Ctenopharyngodon idella Teleostei): Insight into its phylogenic position within Cyprinidae [J] . Gene, 424: 96-100.

Wang J L, Shen T, Ju J F. 2006. The complete mitochondrial genome of the Chinese longsnout catfish *Leiocassis longirostris* (Siluriformes: Bagridae) and a time-calibrated phylogeny of Ostariophysan fishes [J] . Molecular Biology Reports. 38: 2507-2516.

Wang W S, Yang Z, Goldman N, et al. 2004. Accuracy and power of statistical methods for detecting positively adaptive evolution in protein-coding sequences and for identifying selected sites [J] . Geneties, 68: 64-75.

Wang X, Liu H, He S, et al. 2004. Sequence analysis of cytochrome b gene indicates that East Asian group of Cyprinid subfamily Leuciscinae (Teleostei: Cyprinidae) evolved independently [J] . Progress in Natural Science, 14: 132-137.

Wang Z F, Yonezawa Takahiro, Liu B, et al. 2011. Domestication relaxed selective constraints on the *Yak* mitochondrial genome [J] . Molecular Biology and Evolution, 28: 1553-1556.

Wei F H, Xiao Y. 2005. Construction and analysis of a cDNA expression library of *Dendrobium candidum* [J] . Life Science Research, 9: 263-266.

Wei J P, Pan X F, Li H Q, et al. 2011. Distribution and evolution of simple repeats in the mtDNA D-Loop in mammalian [J] . Hereditas, 33: 67-74.

Wei S J, Chen X X. 2011. Progress in research on the comparative mitogenomics of insects [J] . Chinese Journal of Applied Entomology, 48: 1573-1585.

Whelan S, Lio P, Goldman N. 2000. Molecular phylogenetics: state-of-the-art methods for looking into the past [J] . Trends Genet. 7: 262-272.

White J A, Todd J, Newman T, et al. 2000. A new set of *Arabidopsis* expressed sequence tags from developing seeds [J] . Plant Physilolgy, 24: 582-594.

Wu X Y, Wang L, Chen S Y. 2004. The complete mitochondrial genomes of two species from *Sinocyclocheilus* (Cypriniformes: Cyprinidae) and a phylogenetic analysis within Cyprininae [J], Molecular Phylogenet Evolution, 37: 263-27.

Xie J Y. 2011. Structure Analysis of mtDNA control region in *Schizothorax pregnanti* [J] . Chinese Journal of Zoology, 46: 97-101.

Xu H B, Huang Z G, Gao H, et al. 2006. Clinical significance of increase in mitochondrial DNA copy number in laryngeal squamous cell carcinoma [J]. Arch Otolaryngol Head Neck Surg. 3: 223-229.

Xu S H, Li S L, Yang Y J, et al. 2007. A genome-wide search for signals of high altitude adaptation in Tibetans [J] . Molecular Biology and Evolution, 28: 003-011.

Xu S Q, Yang Y Z, Zhou J, et al. 2005. A mitochondrial genome sequence of the Tibetan antelope (*Pantholops hodgsonii*) [J] . Genome Proteom Bioinformation, 31: 51-70.

Yamauehi M M, Miya M U. 2005. PCR-based approach for sequencing whole mitochondrial genomes of decapods crustaceans with a practical example from *kuruma prawn* (Marsupenaeusja: Ponieus) [J]. Journal of Marine Biotechnology, 16: 419-429.

Yamauehi M, Miya M, Nishida M. 2002. Complete mitochondrial DNA sequence of the Japanese spiny lobster *Panulirus japonicas* (Crustacea: Decapoda) [J] . Gene, 295: 89-96.

Yang J, Wang Z L, Zhao X Q, et al. 2008. Natural selection and adaptive evolution of leptin in the ochotona family driven by the cold environmental stress [J] . PLOS, 23: 463-472.

Yang Z H, Rannala B. 2006. Bayesian estimation of species divergence times under a molecular clock using multiple fossil calibrations with soft bounds [J]. Molecular Biology and Evolution, 54: 220-226.

Yang Z, Rannala B. 2005. Branch-length prior influences Bayesian posterior probability of phylogeny [J]. Systematic Biology, 154: 455-470.

Yang Z. 1998. Likelihood ratio tests for detecting positive selection and application to *primatelysozyme* evolution [J] . Molecular Biology and

Evolution, 5: 568-573.

Yi X, Liang Y, Huerta E, et al. 2003. Sequencing of 50 human exomes reveals adaptation to high altitude [J] . Science, 329: 75-78.

Yoder A D, Yang Z. 2000. Estimation of primate speciation dates using local molecular clocks [J]. Molecular Biology and Evolution, 7: 086-090.

Yoder A D, Yang Z. 2004. Divergence dates for *Malagasy lemurs* estimated from multiple gene loci: geological and evolutionary context [J] . Molecular Ecology, 3: 757-773.

Yokobori S, Paabo S. 1995. Transfer RNA editing in land snail mitochondria [J] . PNAS, 92: 432-435.

Yokobori S, Suzuki T, Watanabe K. 2000. Genetic code variations in mitochondria: tRNA as a major determinant of genetic code plasticity [J]. Molecular Biology and Evolution, 53: 34-32.

Yoshizawa K, Johnson K P. 2003. Phylogenetic position of *phthira ptera* (Insecta: paraneoptera) and elevated rate of evolution in mitochondrial 12S and 16S [J] . Molecular Phylogenet Evolution, 29: 21- 30.

Zardoya R, Doadrio I. 1998. Phylogenetic relationships of Iberian cyprinids: systematic and biogeographical implications [J] . Proceedings of the Royal Society of London, Series B, 265: 365-372.

Zardoya R, Meyer A. 1996. The Complete nucleotide sequence of the mitochondrial genome of the Lungfish (*Protopterus dolloi*) supports its phylogenetic position asa close relative of land vertebrates [J] . Genetics, 42: 249-263.

Zardoyar R, Meyer A. 1996. Phylogenetic performance of mitochondrial protein coding genes in resolving relationships among vertebrates [J] . Molecular Biology and Evolution, 3: 933-942.

Zeng Q L, Liu H Z. 2001. Study onmitochondrial DNA control region of the *Ictiobus cyprinellus* [J]. Journal of Hubei University, 23: 261-264.

Zhang C G, Xing L. 1996. The ichthyofauna and the regionalization of fishery in theTibet region [J] . Journal of Natural Resources, 11: 157-163.

Zhang W J, Zhang Y, Zhong Y. 2008. Using maximum likelihood method to detect adaptive evolution of HCV envelope protein-coding genes [J] . Chinese Science Bulletin, 51: 2236-2242.

Zhang X Y, Yue B S, Jiang W X. 2009. The complete mitochondrial genome of rock carp *Proeypris rabaudi* (Cypriniformes: Cyprinidae) and phylogenetic implications [J] . Molecular Biology Reports, 36: 98-99.

Zhang Y B, Gan X N, He S P. 2009. Phylogenetic relationships of the genus takifugu (tetraodontiformes: tetraodontidae) tested by mtDNA D-Loop region sequence variations [J] . Acta Hydrobiologica Sinica, 33: 656-663

Zhao K, Li J B, Yang G S, et al. 2005. Molecular phylogenetics of *Gymnocypris* (Teleostei: Cyprinidae) in Lake Qinghai and adjacent drainages [J] . Chinese Science Bulletin, 50: 1348-1355.

Zhao S, Zhang Q, Chen Z H, et al. 2007. The factors shaping synonymous codon usage in the genome of *Burkholderia mallei* [J] . Journal of Genetics and Genomics, 34: 362-372.

Zhong J, Li G, Liu Z Q, et al. 2005. Gene rearrangement of mitochondrial genome in the vertebrate [J] . Yi Chuan Xue Bao, 32: 322-330.

Zhong Y, Zhao Q, Shi S H, et al. 2002. Hasegawa M. Detecting evolutionary rate heterogeneity among mangroves and their close terrestrial reltives [J]. Ecology Letter, 5: 427-432.

Zhou D W, Zhou J, Meng L H, et al. 2009. Duplication and adaptive evolution of the COX2 genes within the highly cold-tolerant Draba lineage Brassicaceae [J] . Gene, 44: 36-44.

Zhu J X, Li X F. 2004. Yeast two-hybrid technology and its application in the research of plants [J] . Plant Physiology Communications, 40: 235-240.

Zou L Y, Cao G C, Zhang Q, et al. 2011. cDNA library construction and EST analysis of the larval midgut of *Helicoverpa armigera* (Lepidoptera: Noctuidae) [J] . Acta Entomologica Sinica, 7: 739-745.

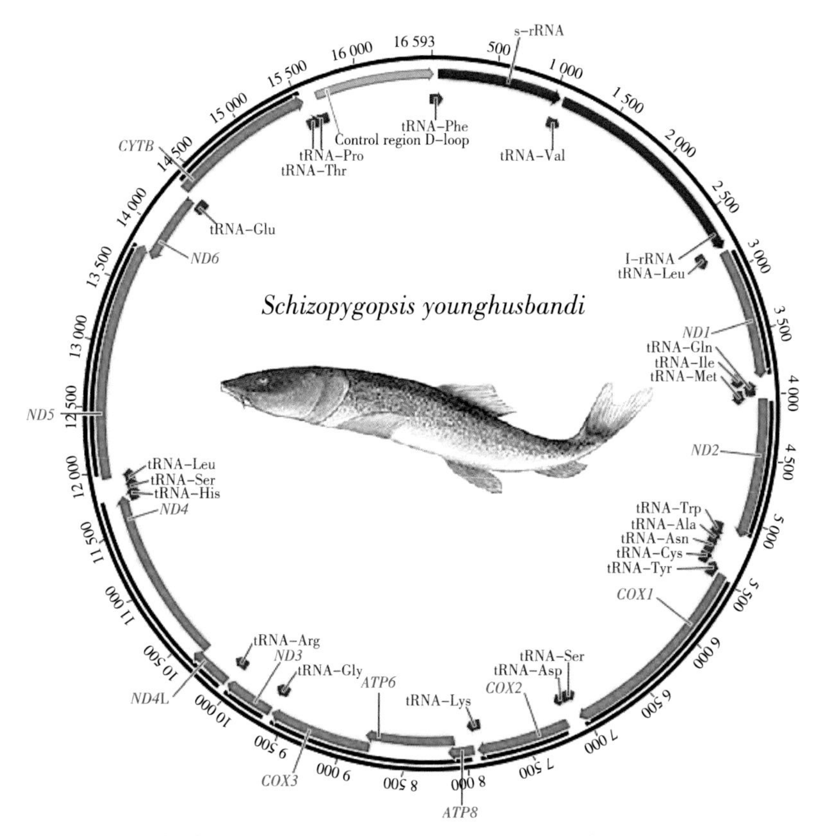

彩图 1　拉萨裸裂尻鱼（*S. younghusbandi*）的线粒体全基因组结构

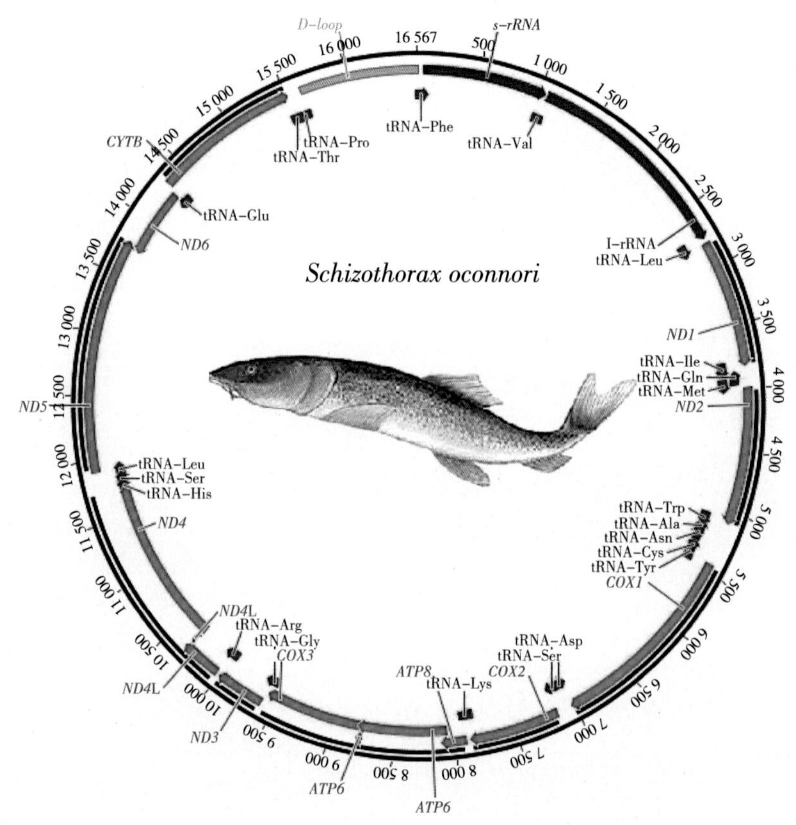

彩图 2　异齿裂腹鱼（*S. oconnori*）的线粒体全基因组结构

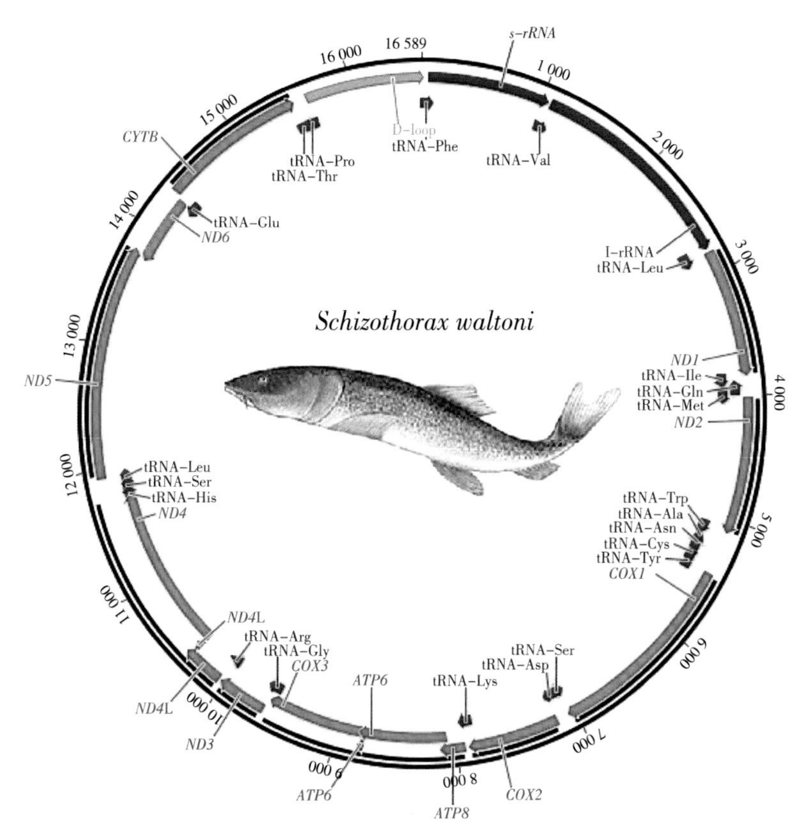

彩图 3　拉萨裂腹鱼（*S. waltoni*）的线粒体全基因组结构

注：彩图 1、彩图 2 和彩图 3 中，红色代表 rRNA，绿色代表基因，桃红色代表 tRNA，浅棕色代表 D-Loop 区。各基因的缩写如下：*COX1*、*COX2* 和 *COX3* 表示线粒体细胞色素 c 氧化酶亚基 1～3 基因；*ATP6* 和 *ATP8* 表示线粒体 ATP 酶复合体亚基 6 和 8 基因；*ND1*～*6* 和 *ND4L* 表示 NADH 脱氢酶亚基 1～6 和 4L 基因；*CTYB* 表示细胞色素 b 基因；*s-rRNA* 和 *l-rRNA* 表示 12S 和 16S 核糖体 rRNA 基因；tRNA 表示线粒体转运 RNA；D-Loop 表示线粒体非编码区。

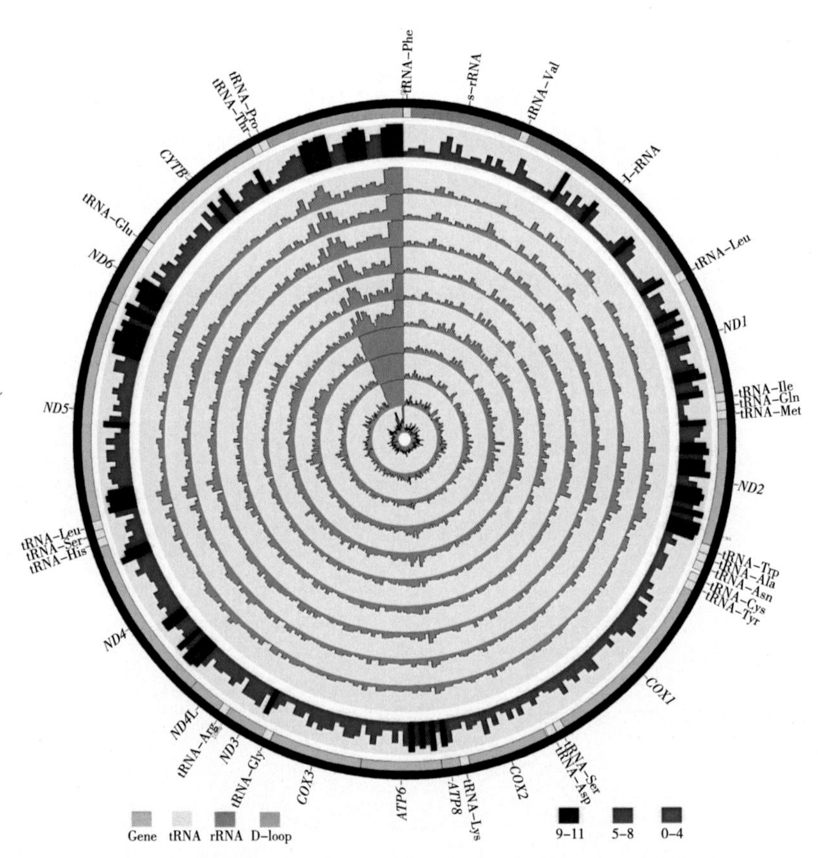

彩图 4　3 种裂腹鱼与鲤科鱼类线粒体全基因组核苷酸变异率比对